DESCRIPTIONS & SYNONYMIES
DES VARIÉTÉS
DE VIGNES
CULTIVÉES DANS LA COLLECTION
DE
M. V. PULLIAT
A CHIROUBLES
(RHÔNE)

Par ROMANÈCHE (Saône-et-Loire)

LYON
IMPRIMERIE DU SALUT PUBLIC
BELLON, RUE IMPÉRIALE, 33

1868

DESCRIPTIONS & SYNONYMIES

DES VARIÉTÉS

DE VIGNES

CULTIVÉES DANS LA COLLECTION

DE

M. V. PULLIAT

À CHIROUBLES

(RHÔNE)

Par ROMANÈCHE (Saône-et-Loire)

LYON

IMPRIMERIE DU SALUT PUBLIC

BELLON, RUE IMPÉRIALE, 33

1868

Parmi les plantes que l'homme à soustraites à la nature sauvage, afin de les approprier à ses besoins, il n'en est pas d'aussi intéréssantes à étudier que la vigne.

(Chevreuil. Rapport sur l'Ampélographie universelle).

La vigne, au point de vue de l'alimentation, tient, avec le blé, le premier rang parmi les végétaux destinés à l'usage de l'homme : au point de vue de la richesse publique et du rendement, aucune culture ne peut égaler celle de ce précieux arbrisseau. Là où il peut prospérer, là se trouvent le bien-être et l'aisance, là se groupent et naissent de nombreuses populations. La vigne, comme le dit si bien un éminent viticulteur, est l'arbrisseau colonisateur et civilisateur par excellence. On ne saurait donc poursuivre un but plus noble, plus utile que celui du progrès de la viticulture, soit pour obtenir une plus grande abondance dans ses produits, soit pour en améliorer la qualité.

Parmi les moyens d'y arriver, les uns se rattachent à la culture de la vigne proprement dite, les autres à la connaissance et au choix des cépages, à l'ampélographie. C'est à ces derniers que je me suis adonné plus particulièrement en créant ma collection de vignes.

Pour qu'une collection de ce genre soit utile à la viticulture, celui qui la possède ne doit pas seulement réunir une quantité de noms de vignes, mais chercher au contraire à en restreindre le nombre par la synonymie. C'est un champ d'étude où il doit faire des recherches et apprendre à connaitre le mérite relatif des cépages entr'eux, leur manière d'être, leur mode de végétation, la taille et la culture qui conviennent plus particulièrement à chacun d'eux.

Lorsque les variétés sont reconnues exactes, le *collectionneur* doit les décrire avec soin, en signalant les caractères les plus propres à les faire reconnaitre.

Je ne me suis dissimulé ni les difficultés à vaincre, ni la longueur de temps nécéssaire à une semblable entreprise. En l'abordant, j'avais devant moi l'exemple encourageant et les utiles travaux de l'éminent ampélographe français, le comte Odart, à qui je dois le goùt des études viticoles et dont je m'honore d'être le respectueux et fervent disciple. C'eût été oser trop que de prétendre à être le continuateur de son œuvre dans son ensemble, mais je me suis cru permis de travailler à le compléter, dans la mesure de mes forces, en profitant des savantes recherches de ce vénéré viticulteur. Aussi, me suis-je borné à donner une description succinte des variétés de vignes que j'ai cultivées et étudiées dans ma collection, sans entrer dans des considérations que je sens au dessus de mes forces.

Une chose qui frappe tout d'abord celui qui s'adonne à l'étude des cépages, c'est la confusion qui règne dans les noms des variétés. Les praticiens et les savants s'en sont plaints de tout temps. Olivier de Serres, Bosc, Julien et autres auteurs, ont signalé cette confusion sans chercher à la faire cesser. Le comte Odart est le premier qui ait apporté de l'ordre et de la clarté parmi toutes ces dénominations diverses qui changent de vignoble à vignoble. Pour arriver à ce but si désirable, l'éminent ampélographe avait disposé sa collection de vignes par régions viticoles, persuadé qu'il rencontrerait dans chacune de ces régions les variétés ayant de l'affinité entr'elles. Sa longue expérience et ses longues études ont démontré avec évidence qu'il était dans le vrai.

Je n'ai pas cru pouvoir mieux faire que de suivre la route que m'avait tracé ce vénéré maître. J'ai donc procédé par latitude et par régions. J'ai établi sur le même sol, à la même exposition, les cépages les plus recommandables parmi ceux du centre de l'ouest et du nord de la France. Chacun de ces cépages est représenté par deux échantillons. Les vignes du sud étant généralement trop tardives pour être mélangées avec celles que nous cultivons en grand sous notre latitude, j'ai seulement introduit les variétés les plus interéssantes de cette contrée.

Pour contrôler l'exactitude et l'identité des variétés que j'introduisais, j'ai dû puiser mes étalons à deux sources différentes; d'abord dans la magnifique collection du comte Odart et ensuite chez des propriétaires de nos principeaux vignobles. Ces cépages homonymes et provenant d'un milieu tout à fait différent, étaient destinés à se vérifier les uns par les autres et à montrer si vraiment, comme le prétendent quelques savants, le sol et le climat changent les espèces et les variétés. J'ai reconnu quelques erreurs de noms et beaucoup de synonymies nouvelles. Une longue observation m'a permis de constater aussi que le sol et le climat ne changent en rien les caractères esentiels des différentes variétés de vignes.

Que les personnes obligeantes à qui je dois tout ce que je possède, veuillent bien recevoir ici mes bien sincères remercîments pour tout l'empressement quelles ont mis à me procurer les variétés de vignes que je leur ai demandées. J'aime à citer ici leurs noms, d'abord par reconnaissance, et puis aussi pour donner une garantie des variétés que je possède.

Parmi les vignes étrangères, j'ai reçu celles de la rive droite du Rhin, de M. Pistor-Paillet, avocat à la cour impériale de Metz, créateur d'un magnifique vignoble modèle à Bergzabern dans la Bavière rhénane; celles de l'Italie, de M. le marquis Léopold Incisa della Roquetta, auteur d'une excellente description des variétés de vignes cultivées dans sa magnifique collection de la Roquette; celles de la Suisse, de M. L. P. de Pierre de Neuchâtel, et celles de la Savoie de M. le comte de

Chambost de Chambéry. M. le baron de Longueuil qui a créé dans les environs de Bagdad un très-grand vignoble, m'a adressé les espèces asiatiques qu'il croit devoir prospérer en France (1). Les cépages américains me sont venus de diverses provenances et notamment de la riche collection de M. Hippolyte Michel de Lyon. Parmi nos variétés françaises j'ai tiré les variétés du sud-est de chez M. Faure, pépiniériste à Rauquepertuis (Gard); celles du sud et du sud-ouest m'ont été envoyées par M. Laujoulet, professeur d'arboriculture à Toulouse, par M. Fourcade, propriétaire à Vic, en Bigorre (Hautes-Pyrénées), et par M. D'Imbert de Mazères, président honoraire de la Société d'agriculture d'Agen. M. d'Armailhacq, le célèbre ampélographe bordelais, m'a adressé du Château Mouton, la collection des vignes de la Gironde; M. Renaud de Fertalemps (Dordogne) celles de l'ouest et M. Schmid de l'Anjuvinière (Indre), un certain nombre de celles cultivées dans ce départemeut et ceux environnants. Les vignes de la Moselle et de quelques départements voisins, me sont parvenues par l'entremise de M. Pistor-Paillet, celles de la rive gauche du Rhin, par M. Simon de Soultzmatt et M. Bresch-Scheurer de Munster (Haut-Rhin).

Pour me procurer les variétés cultivées dans les départements avoisinant le Rhône, j'ai parcouru leurs vignobles, récoltant tout ce qui m'a paru recommandable. J'ai puisé largement à la belle collection du jardin botanique de Dijon, si bien dirigée par M. le docteur Fleurot et si bien tenue par son jardinier en chef, M. Moreau. Le Jura, l'Ain, l'Isère, la Drôme, l'Ardèche et la Loire, m'ont donné un ample moisson de cépages ; Saône-et-Loire et l'Allier sont venus apporter aussi leur contingent. Je ne dois pas oublier de citer le comte Odart et son habile vigneron Garnier, à qui je dois un grand nombre de vignes destinées à être confrontées avec celles venues des vignobles où elles sont cultivées en grand. C'est dans la belle collection du célèbre ampélographe que j'ai puisé le plus grand nombre de mes raisins de table : quelques-unes ont été tirées des riches pépinières de M. André Leroy et de celles de M. Gaillard, de Brignais.

Je crois avoir recherché toutes les garanties désirables pour obtenir des échantillons de vignes représentant exactement celles dont elles portent le nom. Malgré toute l'attention que j'ai pu apporter à la plantation, à l'étiquetage, malgré toute la confiance que m'inspirent mes correspondants, j'aurai sans doute commis quelques erreurs dont je serai l'auteur direct ou indirect. Je prie mes lecteurs de vouloir bien me les signaler lorsqu'ils les reconnaîtront.

Pour arriver à une connaissance approfondie des variétés de vignes, il est indispensable de classer sinon par tribu ou par famille, du moins par groupe les sujets qui ont entr'eux une affinité évidente. Les caractères les plus sûrs pour arriver à ce classement sont : la forme du fruit,

(2) Le plus grand nombre de ces vignes me paraît différer de ce que nous possédons en Europe.

sa saveur, sa couleur, le bourgeonnement de la vigne au moment où elle entre en végétation ; ce dernier caractère auquel les ampélographes se sont peu arrêté est à mon avis un des plus persistants. J'entends par le bourgeonnement, non-seulement la teinte des jeunes feuilles des stipules et le duvet plus ou moins épais qui les recouvre, mais aussi la disposition du jeune raisin ou *lame* qui se trouve dans certaines variétés complétement cachée par les jeunes feuilles : sur un grand nombre elle affleure ces mêmes feuilles ; sur d'autres au contraire elle les dépasse plus ou moins. Cette disposition du jeune fruit suffit bien souvent à elle seule pour classer une variété dans sa tribu ou son groupe. La durée de ce signe est malheureusement très-courte : il doit être étudié à partir du moment où la jeune feuille sort de son enveloppe duveteuse, jusqu'au moment ou elle s'écarte pour montrer à découvert la grappe rudimentaire. Après cette époque, les signes caractéristiques n'existent plus ou sont moins tranchés, moins apparents, par conséquent plus difficiles ou impossibles à saisir. La feuille offre aussi des caractères précieux : l'absence ou la présence du duvet poileux ou aranéeux sur la face supérieure ou inférieure est un signe persistant que l'on doit consulter avec soin. La vrille qui est un raisin avorté, est plus ou moins longue, plus ou moins divisée, suivant que le raisin est plus ou moins allongé, plus ou moins *ailé*. Quant à la couleur du bois, de la feuille, à la distance plus ou moins rapprochée des mérithalles, aux sinus plus ou moins profonds, ces signes m'ont toujours paru varier suivant la partie du sarment où on les examine, suivant la qualité du sol, la latitude, l'exposition, etc., etc. Ils ne peuvent être pris en considération qu'autant qu'ils sont bien tranchés. Il faut donc distinguer avec soin les caractères permanents et les caractères variables des cépages. Les premiers peuvent servir de base fixe et sûre à une classification, les seconds ne peuvent fournir que des données supplémentaires et conditionnelles.

Le langage ampélographique n'étant pas familier à tous ceux qui s'occupent de viticulture, je donne ici l'explication des termes employés pour désigner les principales parties de la vigne.

Bourgeonnement.— Le bourgeonnement est la première végétation apparente de la vigne, l'expansion des premières feuilles à l'état rudimentaire. Cette phase de la végétation offre des caractères propres à tel ou tel groupe ou à telle ou telle tribu. Le bourgeonnement est tantôt glabre ou presque glabre, comme nous l'avons dit tout à l'heure, fortement ou médiocrement duveteux, avec des nuances diverses sur la feuille naissante ou seulement sur son pourtour.

Feuille.— La feuille de la vigne à son complet développement est ordinairement marquée ou divisée par cinq échancrures plus ou moins profondes que l'on désigne sous le nom de *Sinus*. Chaque division de la feuille séparée par un sinus s'appelle *Lobe*. Les sinus sont de trois sortes ; les *sinus supérieurs* ordinairement les plus profonds, sont ceux qui séparent le lobe terminal opposé au pétiole des deux lobes qui sont au dessous ; les *sinus secondaires* sont ceux qui se trouvent au dessous des deux premiers, enfin le *sinus pétiolaire* est l'échancrure où s'implante le pétiole, point de départ des cinq nervures qui forment les cinq lobes ou cinq divisions de la feuille.

Les deux faces de cet organe de la vigne, sont tantôt lisses, glabres, c'est-à-dire dénuées de duvet, tantôt boursouflées, *chagrinées* et plus ou moins duveteuses. Le duvet se rencontre, sauf quelques exceptions, seulement sous la face inférieure : il offre des nuances, des caractères variés que l'on distingue par des termes spéciaux. Lorsque ce *duvet* ressemble aux poils doux et moelleux du drap, il est dit *lanugineux*; lorsque au contraire il s'étend par filaments comme les toiles d'une araignée il devient *aranéeux*, et si ces filaments sont réunis par petits paquets ou flocons, on le dit *floconneux*. Lorsque ce duvet est formé de petits poils courts et raides, dressés et non couchés sur les nervures ou les parties de la feuille qui les avoisinent, on l'apelle *poileux*.

Le *pétiole* ou queue de la feuille est plus ou moins long, plus ou moins fort, suivant les variétés. Lorsqu'il n'atteint que la longueur des nervures inférieures il est dit petit; moyen lorsqu'il est aussi long ou presque aussi long que les nervures supérieures, long ou très-long lorsqu'il les dépasse ou qu'il atteint la longueur de la nervure médiane.

L'appendice par lequel le raisin est attaché au sarment se nomme *pédoncule* : celui plus petit auquel est suspendu chaque grain de raisin se nomme *pédicelle*. Les pédoncules et les pédicelles varient de forme, de longueur, de grosseur et de couleur.

Grappe. — La grappe est courte, moyenne, longue, cylindrique, pyramidale ou ailée.

Elle est dite *cylindrique*, lorsqu'elle a sur sa longueur la forme d'un cylindre; *pyramidale*, lorsqu'elle affecte la forme d'un cône plus ou moins aigu; *ailée*, lorsqu'elle est pourvue à sa base près du pédoncule d'un ou de deux grapillons ou petites grappes supplémentaires.

Grain. — Le grain est rond, ovalaire, olivoïde ou ovoïde.

Il est dit *rond*, lorsqu'il est sphérique ou à peu près sphérique; *ovalaire*, lorsqu'il s'allonge en s'arrondissant régulièrement par ses deux extrémités; *olivoïde*, lorsqu'il prend la forme d'un olive c'est-à-dire lorsqu'il s'amincit un peu plus que l'ovale par ses deux bouts; *ovoïde*, lorsqu'il est plus large à sa base qu'à son extrémité. Cette dernière forme est assez rare : on la rencontre bien prononcée dans le blanc précoce de Molingre.

Pinceau. — Le *Pinceau* ou vestige du grain arraché qui reste adhérent au pédicelle offre souvent un caractère distinctif. Sur quelques variétés, il est incolore ou blanchâtre, sur d'autres rose ou jaunâtre, et sur quelques-unes d'un rouge foncé ou noirâtre.

Observations sur le mode de Description adoptée

Toutes les variétés décrites dans ce catalogue ont fructifié et ont été étudiées avec soin. Pour plusieurs d'entr'elles j'ai choisi des descriptions données dans le *Journal de viticulture* par des ampélographes de la région où elles sont cultivées en grand; j'aurai pu les décrire moi-même *ex-professo*, mais j'ai préféré varier un peu la description et conserver à ces variétés leur *couleur locale.*

L'époque de maturité du raisin étant différente suivant la latitude, le climat, le sol et surtout suivant l'année plus ou moins chaude, l'indication de cette maturité par mois et par date m'a paru défectueuse ; j'ai préféré former quatre séries de maturité ayant pour terme de comparaison une variété de vigne connue et cultivée dans tous les vignobles français, le Chasselas doré ou Chasselas de Fontainebleau. Mettant à part les raisins précoces et les désignant par un O, je place à la première époque de maturité, toutes les vignes murissant à cinq ou six jours près, soit avant, soit après le Chasselas : à la deuxième ceux mûrissant dix ou douze jours plus tard et ainsi de suite jusqu'à la quatrième.

Pour les diverses variétés qui forment un groupe, j'évite de répéter une description inutile et ennuyeuse ; j'indique seulement en quoi chaque variété diffère du type d'où elle dérive. Les caractères de ce type sont décrits avec soin.

Afin de rendre moins longues les descriptions, j'ai employé des abréviations soit pour le nom de mes correspondants, soit pour les termes descriptifs.

ABRÉVIATION DES NOMS DES CORRESPONDANTS

D'Arm.	MM. le Marquis d'Armailhacq.
B. de L.	Le Baron de Longueil.
Br. Sch.	Bresch-Scheurer.
C. de C.	Comte de Chambost.
C. O.	Comte Odart.
Faur.	Faure.
Fourc.	Fourcade.
F. G.	Ferdinand Gaillard.
D'Imb.	D'Imbert de Mazères.
Lauj.	Laujoulet.
L. P. de P.	L. P. de Pierre.
M. del R.	Le Marquis Leopold Incisa della Roquetta.
H. M.	Hippolyte Michel.
Pist-Pail.	Pistor-Paillet.
Ren.	Renault de Fertalemps.
Schm.	Schmidt de l'Anjuvinière.
Sim.	Simon.

ABRÉVIATION DES TERMES DESCRIPTIFS

Bgt. Bourgeonnement.
Frt. Fortement.
Fert. Fertile.
Grap. Grappe.
Gr. Grain.
Inf. Inférieur ou inférieurement.
Lanug. Lanugineux ou lanugineuse.
Légert. Légèrement.
Moy. Moyen ou moyenne.
Ordin. Ordinairement.
Prof. Profond ou profondément.
Second. Secondaires.
Supér. Supérieur ou supérieurement.

Les différentes espèces ou variétés de vignes ne forment qu'un genre, la vigne à vin, *vitis vinifera* de Linné, ainsi caractérisée :

Calice très-court à cinq dents à peine visibles. Cinq pétales cohérents au sommet, se détachant par leur base d'une seule pièce après la floraison. Cinq étamines introrses. Style nul, ovaire ceint à sa base d'un disque quinquelobé. Feuille cordiforme à cinq lobes, sinuée, dentée, nue ou cotonneuse. Fruit blanc, jaunâtre, rose, rouge, violet ou noir. Baie non mûre produisant le verjus, Baie mûre donnant par la fermentation le vin, d'où l'on extrait par l'acétification le vinaigre, par la distillation l'alcool, par le dépôt la crème de tartre. Vrille à deux, trois et même quelquefois quatre divisions, à saveur astringente.

La vigne dont la culture remonte aux premiers âges de l'homme, aime toujours comme jadis les *collines ouvertes*, exposées au soleil et à l'air. Peu difficile sur la qualité du sol, elle s'accommode des terres les moins riches, pourvu que les terres soient exemptes d'humidité, quelle que soit d'ailleurs leur composition minéralogique.

Les variétés de vignes les plus précoces atteignent leur maturité en plein air, jusqu'au 49e degré de latitude; en deçà du 35e degré, le principe sucré est tellement abondant que le raisin ne donne plus qu'une liqueur épaisse de médiocre qualité. Si l'on se rapproche davantage de l'équateur, la végétation continuelle de la vigne devient un empêchement à la maturité du raisin, maturité qui ne peut être complète qu'à la condition d'un arrêt à peu près complet de la sève.

Le raisin bien mûr est le plus salutaire de tous les fruits et l'un des plus agréables. Les estomacs les plus faibles le digèrent avec facilité, il est même recommandé aux malades, comme rafraîchissant et dépuratif. Qui ne connaît, qui n'a entendu parler de la *cure par le raisin* si usitée en Suisse et en Allemagne ?

Ce fruit délicieux mûrit dès les premiers jours d'août et ses différentes variétés se succèdent jusqu'à la fin d'octobre. Presque toutes peuvent se conserver, avec un peu de soin, jusqu'aux premières chaleurs. La vigne se prête très-bien à la culture forcée : par ce procédé, on obtient ses belles grappes aux époques où elles n'existent plus ni sur le cep en plein air, ni dans le fruitier.

DESCRIPTIONS & SYNONYMIES

DES VARIÉTÉS

DE VIGNES

Cultivées dans la Collection de

M. V. PULLIAT

A CHIROUBLES (Rhône)

Par Romanèche (Saône-et-Loire)

RAISIN DE TABLE	RAISIN DE CUVE	MATURITÉ	N° D'ORDRE	
T.	C.	2e	1	**Abbadia** — J. B. de D. — Bgt duveté blanc, teinté de rose sur le pourtour de la feuille naissante ; flle moy. ou grande, glabre, supér., lanug. infér. ; sinus bien marqués, celui du pétiole ordin. ouvert, grap. gr., un peu ailée, lâche, grains moy., ronds, d'un beau jaune.
	C.	3e	2	**Agudet noir.** — C. O. — Bgt légèr. duveté blanc ; flle moy. d'un vert clair, tourmentée, boursoufflée, fortement sinuée ; sinus petit, fermé, glabre, supér. duveté aran. infér. ; grap. moy. ou petite, gr. moy., de forme ovale, peu serrés, cépage vigoureux, assez fertile.
T.		3e	3	**Aibatly isjum.** — C. O. — Bgt. fort. duveté blanc, flle gr., épaisse ; grap. long., ailée ; gr. olivoïdes.
T.		4e	4	**Albourlah kirmisi isium.** — H. M.
	C.	2e	5	**Aleatico.** — M. I. del R. — Flle un peu au-dessus de la moyenne, grap. moy., régul. ; gr. ronds, noy. noir, musqué.
	C.	1e	6	**Aligoté** (Bourgogne) (1). Bgt. duveté blanc ; flle moy., presque ronde, sinus supér. peu marqués, les seconds nuls, celui du

(1) On confond souvent, mais à tort, l'Aligoté et le Gamay blanc : ce dernier est un peu plus fertile, mais moins vigoureux. Sa grappe presque toujours cylin-

R. DE T.	R. DE C.	MATUR.	N°	
				pétiole un peu ouvert, glabre, supér., légèr. lanug. sur les nervures infér.; pétiole moy. ou court, assez fort, teinté de rouge; grap. moy., légèr. ailée; gr. moy., petits, presque ronds, serrés, légèr. dorés à la maturité.
			7	**Anadasaouri noir** (Caucase) — B. de L.
	C.	3e	8	**Aramon.** — Bgt léger, duveté blanc; flle gr., glabre sur les deux faces, peu sinuée; grap. grande, ailée; gr. ronds, gros, noirs, peu serrés.
				Arnoison blanc. Voir **Epinette blanche.**
	C.	1e	9	**Arrouya** (Hautes-Pyrénées) — Fourc. — Bgt presque glabre, jeunes flles luisantes, d'un vert jaunâtre; flle complète, grande, épaisse, glabre sur les deux faces, sinus bien marqués; celui du pétiole presque fermé; grap. moy. ou gr., ailée; gr. ronds, un peu serrés, d'un beau noir; cépage vigour. et fertile. Par les caractères énoncés ci-dessus, l'Arrouya se range dans le groupe des Grenaches. Il est de 12 ou 15 jours plus précoce que ces derniers.
T.	C.	3e	10	**Augibi** ou **Jubi.** — Bgt d'un vert clair fortem. duveté; flle un peu au-dessous de la moyenne, glabre et lisse supér., lanug. infér., sinus assez marqués, celui du pétiole ouvert; grap. moy., un peu ailée, conique; gr. moy. de forme ovalaire, d'un blanc verdâtre passant au jaune au soleil.
	C.	1e	11	**Auvernat de Dornot.** — C. O. — Variété de Pineau gris à grappe moins serrée.
				Auxerrois. Voir **Côt.**
			12	**Auxerrois du Mans.** — J. B. de D.
T.	C.	2e	13	**Baclan** (Jura). — Bgt rouge grenat, légèr. duveté; flle moy., glabre sur les deux faces, profondément sinuée, sinus pétiol. ouvert; vrille de long. moy., mince, le plus souvent à deux lacets; grap. moy., un peu ailée; gr., ronds, de moy. grosseur, un peu serrés, fortement pruinés.
				Baclan petit. — Le cépage que j'ai reçu sous ce nom, du Jura, se trouve d'être identique avec le Pineau noir.
T.	C.	3e	14	**Balafant** (Hongrie). — C. O. — Bgt duveté blanc; flle moy., glabre supér., fortem. lanugineuse infér., sinus supér. assez profonds, les second. bien marqués, celui du pétiole ouvert. Denture aiguë un peu profonde, pétiole long assez fort, vrille moy. ord. à trois lacets, [1] ois d'un jaune clair finement strié; grap. longue ou très-longue portée par un pédoncule court; gr.. presque ronds, d'un blanc jaunâtre se dorant au soleil.
T.	C.	3e	15	**Balsamina nera** (Piémont). — M. I. del. R. — Grap. moy., gr. ronds, moy., peu serrés, très-noirs.

drique, à grains très-serrés est attaché par un pédoncule plus court que celui de l'Aligoté. Le pétiole de la feuille du Gamay blanc est long, un peu mince, presque toujours vert; celui de l'Aligoté est plus court, plus gros et teinté de rouge; la couleur de sa feuille est d'un vert plus foncé que celle du Gamay blanc.

R. DE T.	R. DE C.	MATUR.	N°	
				Balzac. Voir **Mourvedre.**
T.		3e	16	**Barbarossa** (Piémont). — M. I. del. R. — Bgt grenat, légèr. duveté; flle moy. très-profondém. découpée, glabre supér., duvet poileux et raide infér.; grap. moy., cylindr.; gr. moy., d'un beau jaune au soleil, blanc verdâtre à l'ombre, à peu près rond. Raisin de table d'une belle apparence et d'une longue conservation.
	C.	3e	17	**Barbera piccola ofina** (Piémont). — M. I. del. R. — Grap. moy ; gr. légèr. ovalaires, d'un beau noir.
				Barrolo. Voir **Gamay blanc.**
T.	C.	2e	18	**Bariadorgia bianca** (Sardaigne). — M. I. del. R. — Bgt duveté blanc, flle moy., glabre, supér. lanug. infér., duvet poileux, court et raide sur les nervures inférieures; sinus très-profonds, celui du pétiole presque fermé; grap. petite, courte, tassée; gr., petits ronds, d'un blanc verdâtre pass. au jaune foncé à l'exposition du soleil.
	C.	2e	19	**Bastardo de Madère.** — C. O. — Bgt duveté blanc, flles moy., grap. moy.; gr. ronds, noir violet très-pruiné.
				Belosard. Voir **Poulsard.**
T.	C.	2e	20	**Belisse bianca** (Piémont). — M. I. del. R.
T.		3e	21	**Beni Salem.** — C. O. — De la tribu des Olivettes.
			22	**Berdzoula** (Caucase). — B. de L.
T.		4e	23	**Bermestia bianca.** — Bgt d'un vert clair légèr. duveté, flles moy., glabre sur les deux faces; sinus profonds, très-écartés; celui du pétiole très-ouvert; grap. grande; gr. peu serrés, de forme ovalaire.
T.		4e	24	**Bermestia rossa.** — Bgt d'un vert jaunâtre presque glabre, flle moy. glabre sur les deux faces, luisantes supér.; sinus bien marqués, celui du pétiole ouvert; grap. grande; gr. écartés d'un beau jaune.
			25	**Bia blanc** (Isère).
				Bicane. Voir **Panse jaune.**
			26	**Blak Hambourg Frogmoor.** — H. M.
			27	**Blak Prince.** Voir **Frankental.**
			28	**Blanc Cardon** (Lot-et-Garonne). — M. d'Imb.
			29	**Blanc Copi** (Lot-et-Garonne). — M. d'Imb.
				Blanc de Gandja. Voir **Schiradzouli.**
				Blanc fumé. Voir **Sauvignon.**
T.	C	O.	30	**Blanc précoce musqué de Courtiller.** — Bgt duveté blanc: flle moy., un peu sinuée, lanug. infér.; grap. petite, cylindriq., quelquefois un peu ailée; gr. moy. ou petits d'un beau jaune, ronds, à saveur musqué. Le Préc. de Courtiller se

R. DE T. | R. DE C. | MATUR. | N°

rattache par ses caractères botaniques à la tribu ou au groupe des Pineaux.

Blanc précoce de Kientsheim. Voir **Lignan**.

T. C. O. 31 **Blanc précoce de Malingre**.(1).— Bgt d'un vert clair, légèr. duveté, mérithalles moy., vrilles minces à deux lacets; flle moy., lisse et luisante sur la face supérieure, glabre sur les deux faces, profond. découpées ou sinuées; sinus arrondis à leur base, celui du pétiole ordin. ouvert, pétiole mince et long; grap. ailée, conique, portée par un pédoncule assez long; gr. ovoïdes, renflés à leur point d'attache sur le pédicelle, s'amincissant par le sommet, mesurant en moy. 13 mill. sur 16.

Blanquette de Limoux. Voir **Clairette blanche**.

Blauer Portugieser. Voir **Arrouya**.

Blussard. Voir **Poulsard**.

C. 2e 31 **Bonarda** (Piémont). — Bgt duveté, d'un vert clair; flle moy. ou grande, glabre supér., légèr. lanug. infér.; sinus peu profonds, celui du pétiole ordin. ouvert; teintée rouge sur le pourtour de la feuille au moment de la maturité du raisin; grap. moy., régul. allongée; gr. ronds, moy. d'un beau noir pruiné.

Bordelais. Voir **Grosse mérille**.

T. 3e 32 **Bottonino bianco** (Asti). — M. I. del. R. — Bgt d'un vert clair presque glabre; flle moy., glabre et lisse sur les deux faces, sinus marqués, celui du pétiole ouvert; grap. moy., longue et régul.; gr. petits ou moy., ronds, d'un beau jaune.

C. 2e 33 **Bouchallès**. — Lauj. — Caractères du Côt à queue verte, maturité un peu plus tardive.

Bourguignon blanc. Voir. **Gamay blanc**.

T. C. 2e 34 **Boutignon blanc** (2).— J. B. de D. — Bgt duveté blanc; jeune flle d'un vert clair passant au vert foncé à son complet développement, à cinq lobes bien marqués, sinus pétiolaire ouvert, glabre supér.; duvet poileux, court sur les nervures infér. grap. moy., un peu ailée; gr. ovalaires blancs, se dorant fortement au soleil. Fleur très-sujette à la coulure. L'incision annulaire produit un très-bon effet sur ce cépage.

T. C. 2e. 35 **Bouissalès** (Lot-et-Garonne). — M. d'Imb. — Caractères du Côt, à queue verte, maturité un peu plus tardive, probablement synonyme de Bouchallès.

36 **Bragère blanc**. — J. B. de D. — Bgt duveté blanc, teinté de rose sur le pourtour de la feuille naissante; flle moy., glabre sur la face supér., lanug. infér., un peu tourmentée.

(1) Description, culture, historique, au *Journal de Viticulture pratique*, 25 septembre 1868, page 13.

(2) Les caractères du Boutignon sont absolument les mêmes que ceux de la Malvoisie blanche de Tarn-et-Garonne du comte Odard. Je proposerai donc de remplacer ce dernier nom par celui de Boutignon blanc, attendu que la Malvoisie blanche du comte Odart n'a aucun des caractères de cette tribu.

R. DE T.	R. DE C.	MATUR.	N°	
				Bregin (Jura).
				Breton. Voir **Carmenet.**
				Bruxelloise. Voir **Frankental.**
			37	**Brustiano** (Piémont). — M. I. del. R.
	C.	2e	38	**Burger blanc.** — Br. Sch. — Bgt légèr. duveté blanc; jeune feuille d'un vert clair, flle complèt. d'un beau vert, légèr. boursouflée, glabre supér., parsemée infér. d'un léger duvet aranéeux; denture obtuse et inégale; sinus peu profonds, celui du pétiole ordin. fermé; grap. moy., courte, peu ailée: gr. moy., à peu près ronds; pédoncule court et fort.
	C.	2e	39	**Burger noir** (Alsace). — Br. Sch. — Bgt légèr. duveté blanc, jeune flle d'un vert foncé; vrille longue, forte, ordin. à deux lacets; flle complèt. d'un vert foncé, glabre sur les deux faces, profond. sinuée; sinus pétiolaire fermé; denture aiguë et profonde; bois rougeâtre au moment de la maturité; grap. petite, un peu ailée; gr. petits, presque ronds, un peu serrés, d'un beau noir.
				Burot. Voir **Pineau gris.**
			40	**Cabernet franc.** — D'Arm. — Bgt grenat, légèr. duveté; flle moy., peu épaisse, d'un vert un peu foncé luisant, légèr. rugueuse, glabre sur les deux faces; sinus supér. profonds, les second. moins prononcés, lobes allongés, aigus: sinus pétiolaire presque fermé; grap. longue, quelquefois ailée; gr. moy., ronds, très-noirs, pruinés; pédoncule et pédicelle teintés de rouge.
			41	**Cabernet Sauvignon.** — D'Arm. — Bgt grenat, légèr. duveté; flle d'un vert gai, lisse supér., glabre infér.; sinus profonds, larges et arrondis dans le fond; denture aiguë; nervures vertes, un peu saillantes en dessous; sinus pétiolaire presque fermé; grap. longue, cylindrique, simple pédoncule assez long, pédicelle rougeâtre; gr. petits, ronds, d'un beau noir, de 9 à 10 millimètres de grosseur.
				Cahors. Voir **Côt.**
T.	C.	1e	42	**Caillaba noir** (Pyrénées). — De la tribu ou du groupe des Muscats; grap. petite; gr. presque ronds, noirs, saveur musquée.
	C.	3e	43	**Camaraou** (Pyrénées). — Fourc. — Bgt légèr. duveté de blanc; flle d'un beau vert clair; vrille courte ou moy., souvent à trois lacets; grap. petite ou moyenne, gr. moy. à peu près ronds d'un blanc jaunâtre.
				Caminada. Voir **Muscat Caminada.**
				Candive. Voir **Serine.**
T.	C.	3e	44	**Carignane rose.** — J. B. de D. — Les caractères de ce cépage sont à peu de chose près les mêmes que ceux de l'Olivette blanche, tandis qu'ils sont tout à fait différents de ceux

R. DE T.	R. DE C.	MATUR.	N°	
				de la Carignane noire ; il conviendrait donc de l'appeler Olivette rose.
			44	**Carmenère** ou **Cabernelle** (Gironde.) — D'Arm. — Bgt grenat, légèr. duveté ; flle assez grande, plus large que longue, glabre supér. et infér. à son complet développement ; sinus profonds, arrondis dans le fond qui reste ouvert ; sinus pétiolaire ouvert ; pétiole un peu court, d'un vert rosé ; grap. assez grosse, peu branchue, ramassée, souvent cylindrique, quelquefois en ovale allongé ; gr. moy., d'un beau noir, légèr. ovalaires, mesurant 13 millimètres sur 14. Les trois descriptions du Cabernet franc, du Cabernet Souvignon et de la Carmenère, sont de M. d'Armaillacq : elles sont extraites du *Journal de Viticulture pratique*.
T.		2e	45	**Caylor noir musqué.** — Bgt d'un vert clair, légèr. duveté blanc ; flle moy., glabre supér., légèr. garnie infér. d'un duvet poileux, court et raide ; sinus bien marqués, celui du pétiole peu ouvert ; grap. moy., un peu ailée ; gr. moy., légèr. oval., d'un beau noir pruiné.
	C.	2e	46	**César** ou **Célar.** — Bgt presque glabre, d'un vert jaunâtre ; jeune feuille d'un vert clair, flle complèt. d'un vert foncé, boursouflée, glabre sur les deux faces ; grap. gross., ailée ; gr. moy., ronds, d'un beau noir pruiné ; pédoncule assez long, fort.
T.		3e	47	**Cenerola bianca** (Piémont) — M. I. del. R. — Flle petite ou moy., glabre, supér., très-duvet. infér., sinus assez profonds, celui du pétiole légèr, teinté de rose ; grap. gross., pyramidale ou conique ; gr. moy. ou petits, ronds, d'un beau jaune doré au soleil. Raisin d'une belle apparence et d'une longue conservation dit M. le marquis Inc. del. Roquetta.
			48	**Chanti** (Caucase). — B. de L.
	C.	1e	49	**Chany gris** (Isère). — Bgt rougeâtre duveté, feuille un peu boursouflée, glabre supér., duvet poileux, court sur les nervures infér. ; sinus profonds, celui du pétiole presque fermé ; grap. moy., cylindr. ; gr. petits, assez serrés, d'un rose grisâtre.
T.		3e	50	**Chaouch** ou **Tchaouch** (Algérie). — F. G. — Bgt fortem. duveté blanc, flle moy. ou gr., sinus très-profonds, celui du pétiole presque fermé, glabre et lisse supér., lanug. infér. ; pétiole rougeâtre, légèr. duveté.
	C.	1e	51	**Chardonay** ou **Chardoné. Chaudené.** — Bgt assez précoce, légèr. duveté blanc ; flle moy. d'un vert foncé, glabre et lisse supér., sans duvet apparent infér., se teintant de jaune paille à la maturité du raisin ; sinus supér. peu marqués, les second. à peu près nuls ; sinus pétiolaire ordin. ouvert ; pétiole moy., lisse, teinté de rose ; grap. petite, courte, quelquefois un peu ailée ; gr. petits, ronds, peu serrés, mesurant en moy. 13 millim. sur 13.
	C.	1e	52	**Chardonay musqué.** — Le Chardonay musqué a tous les

R. DE T.	R. DE C.	MATUR.	N°	
				caractères du précédent; il en diffère par sa saveur légèrement musquée.
T.		3e	54	**Charka de Nikita.** — J. B. de D. — Bgt d'un vert clair duveté, flle moy., glabre supér., lanug. infér.; sinus profonds, celui du pétiole ordin. ouvert; vrille moy., le plus souvent à trois lacets; grap. grande ou très-grande, peu ailée; gr. moy. ronds, assez serrés, d'un beau jaune doré au soleil.
T.		1e	55	**Chasselas doré** ou **Chasselas de Fontainebleau.** — Type (1).
T.		1e	56	**Chasselas blanc royal.**—Variété se dorant moins que le type.
T.		1e	57	— **Cioutat.** — Diffère du Chasselas doré par son feuillage lacinié.
T.		0	58	— **Coulard.** — Bois gros, court, à mérithalles très-rapprochés; grap. courte, un peu conique; gr. gros ou très-gros, clairs; fleur très-sujette à couler.
T.		2e	59	— **Croquant.** — J. B. de D. — Ce cépage, par la forme de sa grappe et de ses grains, se rattache au groupe des Chasselas; par son feuillage et son port il appartiendrait au contraire à celui des Pauses.
T.		1e	60	— **de Bordeaux.** — F. G.
T.		1e	61	— **de Falloux.** — Flle d'un vert clair, tourmentée et revolutée infér.; grain d'un beau rose clair.
T.		1e	62	— **de Florence.** — F. G.
T.		1e	63	— **des Nantes.** — F. G.
T.		1e	64	— **de Négrepont.** — Variété de Chasselas rose royal; grap. plus claire, plus courte; gr. d'un rose plus foncé.
			65	— **de Pondichéry.** — F. G.
T.	C.	1e	66	— **Fendant rose.** — Bgt plus coloré que ses congénères; gr. se colorant en rose seulement au moment où il *varie*. Le Fendant roux que j'ai reçu de la collection du comte Odart se trouve identique avec le Fendant rose de la Suisse.
T.	C.	1e	67	— **Fendant roux.** — Le Fendant roux est ainsi caractérisé par M. L. P. de Pierre, de Neuchâtel

(1) Le Chasselas doré et ses congénères se distinguent par un bourgeonnement ou jeune pousse d'un rouge grenat, par des feuilles lisses, glabres sur les deux faces, par des vrilles longues ou très-longues, assez fortes, ordinairement à deux lacets, quelquefois trois, par des grappes le plus souvent un peu au-dessus de la moyenne. Gr. toujours ronds, chair ferme, à saveur sucrée, sans parfum particulier. Le Chasselas type paraît être originaire de la commune de Chasselas près Mâcon, où il est cultivé de temps immémorial. Les Chasselas défeuillent tardivement : douze ou quinze jours après les Pineaux et les Gamay.

R. DE T.	R. DE C.	MATUR.	N°	
				(Suisse); flle moy., mince, luisante et d'un vert jaunâtre, à nervures légèr. rougeâtres, à découpures peu profondes; pétiole mince et allongé; grap. gros., rarement ailée, divisée en larges grapillons; gr. ronds, fermes, d'un beau vert clair, doré de teintes ambrées à l'exposition du soleil.
T.	C.	1e	68	**Chasselas Fendant vert.** — D'après le même auteur, le Fendant vert se reconnaît aux signes suivants : sarment plus fort que celui des autres Fendants; écorce parfois blanchâtre; bois épais à sa naissance, se décollant facilement si l'on n'a pas soin de laisser au-dessus du dernier bouton une bonne partie de l'entre-nœud; flle plus épaisse que celle du Fendant roux; mérithalles plus courts; grap. un peu ailée, plus serrée que dans les autres Fendants; pédoncule plus long, et cassant moins facilement; vrille se développant souvent en grapillons.
T.		1e	69	— **hâtif de Ténérif.** — F. G.
T.		1e	70	— **jaune de la Drôme.** — Flle moins grande et plus profondement découpée que celles du type; grap. moins grande, plus claire, se dorant très-bien au soleil.
T.		1e	71	— **le Mamelon.** — F. G.
				— **Montauban** ou **de Montauban à gros grains.** Voir **Coulard.**
T.		1e	72	— **Montauban** ou **de M. à grains transparents.** — Grap. grosse, conique; gr. gros, d'un beau jaune transparent.
T.		2e	73	— **musqué le vrai.** — C. O. — Flle révolutée en dessous, saveur fine, légèr. musquée.
				— **Napoléon.** Voir **Panse jaune.**
			74	— **noir.** — F. G.
T.		1e	75	— **Queen Victoria.** — Grap. grande; gr. gros, bien dorés.
T.	C.	1e	76	— **rose royal.** — Passant au rose au moment de la *veraison*, plus foncé que le Fendant rose de la Suisse.
				— **Tramontaner.** — Synonyme de Chasselas rose royal.
T.		O.	77	— **Vibert.** — Variété issue d'un semis de Chasselas Coulard, moins sujette à la coulure que ce dernier; cépage peu vigoureux.
			78	— **Violet.** — Diffère du type par son bois rouge et

R. DE T.	R. DE C.	NATUR.	N°	
				par la couleur violette de ses vrilles et de ses grains aussitôt après la floraison. C'est la variété décrite par M. L. P. de Pierre sous le nom de Chasselas rouge ou Lacryma-Christi rose (1).
	C.	2e	79	**Chauché gris.** — Bgt légèr. duveté blanc ; flles moy. glabr. supér. légèr. lanug. infér. ; sinus assez profonds, celui du pétiole un peu ouvert ; vrille assez longue, mince, le plus souvent à trois lacets ; grap. moy., légèr. ailée ; gr. moy. de forme ovalaire ; cépage vigour., fertile.
			80	**Chauché noir.** — C. O.
	C.	2e	81	**Chenin blanc.** — Bgt duveté blanc ; flle petite, boursouflée, glabre supér., fortement garnie infér. d'un duvet aranéeux ; sinus légèr. marqués, celui du pétiole ouvert ; pétiole moy., teinté de rouge ; grap. moy., un peu ailée ; gr. moy., oval., serrés ; cépage très-fert., assez vigoureux.
	C.	2e	82	**Chenin noir.** — Bgt rougeâtre, duveté ; flle un peu épaisse, vert foncé, tourmentée, profondément sinuée, boursouflée et glabre supér., garnie d'un duvet aranéeux infér. ; pétioles et nervures rougeâtres ; grap. moy. ailée ; gr. moy., ronds, peu serrés, noirs, pruinés.
T.		3e	83	**Chérès** (Gard). — Bgt duveté blanc, légèr. teinté de rose ; flle grande ou très-grande, lisse et glabre supér., lanug. infér. : grap. grande ou très-grande, très-ailée, conique ; gr. gros ou très-gros, presque ronds.
				Chétouan. Voir **Mondeuse**.
				Chévrier. Voir **Blanc Sémillon**.
T.	C.	3e	84	**Clairette blanche.** — Bgt fortement duveté blanc ; flle moy. d'un vert foncé, légèr. parsemées de duvet aranéeux supér., garnie infér. d'un duvet lanug. compacte ; sinus marqués celui du pétiole ord. fermé ; pétiole court, garni d'un duvet aranéeux ; grap. moy., ailée ; gr. ovalaires, peu serrés.
T.	C.	3e	85	**Clairette rose.** — Mêmes caractères que la précédente ; gr. d'un beau rose foncé.
			86	**Claverie noire.** — F. G.
	C.	1e	87	**Clinton** (Amérique). — Bgt légèr. duveté blanc, teinté de rose : flle petite, glabre et lisse supér., garnie infér. d'un duvet poileux et court sur les nervures ; sinus peu marqués, celui du pétiole ouvert ; pétiole et vrille teintés de rouge ; grap. petite ou très-petite, courte, portée par un pédoncule long et mince ; gr. petits, ronds, d'un noir violacé.
			88	**Concord** (Canada). — H. M.
	C.	2e	89	**Corbeau.** — Bgt duveteux roussâtre ; flle épaisse, raide, un peu

(1) *La Culture de la Vigne dans le canton de Neuchâtel (Suisse)*. Imprimerie de H. Wolfrath et Metzner, 1866, par M. L.-P. de Pierre.

R. DE T.	R. DE C.	MATUR.	N°	
				boursouflée et glabre supér.. lanug. infér., se teintant de rouge au moment de la maturité; sinus supérieurs marqués, les second. nuls; grap. gros., quelquefois ailée; gr. ronds, moy., un peu serrés, riches en matière colorante.
T.	C.	2e	90	**Cornet** (Drôme). — Bgt duveté blanc; flle moy., profond. sinuée; grap. gros.; gr. ronds, peu serrés, d'un beau noir.
T.		1e	91	**Corinthe blanc.** — Bgt duveté blanc; flle petite ou moy., plus longue que large, d'un vert foncé, glabre supér., lanug. infér.; sinus supér. assez marqués, les second. presque nuls, celui du pétiole bien fermé; pétiole moy., court; grap. moy., un peu ailée; gr. très-petits, serrés, sans pepins, denture aiguë.
T.		1e	92	**Corinthe rose.** — Mêmes caractères que le précédent; grains roses.
T.		1e	93	**Corinthe noir.** — Mêmes caractères que le précédent, grains noirs.
T.		4e	94	**Cornichon blanc.** — Mêmes caractères que le suivant; grap. plus courte, moins grosse.
T.		4e	95	**Cornichon à grappe colossale.** — C. O. — Bgt presque glabre, d'un vert jaunâtre; flle moy., d'un vert clair, glabre sur les deux faces; sinus profonds, celui du pétiole un peu ouvert: grap. courte, grosse; gr. allongés, légèrement arqués.
T.		4e	96	**Cortese bianca** (Piémont). — M. I. del. R. — Bgt duveté blanc; flle moy., glabre supér., légèr. lanug. infér.; sinus profonds, celui du pétiole presque fermé; grap. ayant de l'analogie avec celle du Chasselas.
T.		1e	97	**Côt à queue rouge.** — Bgt rouge grenat, duveté; flle moy. d'un vert foncé, glabre sur les deux faces; sinus bien marqués; denture aiguë, inégale; pétiole assez long, fortement teinté de rouge; grap. moy., quelquefois ailée; gr. ronds, moy., d'un beau noir pruiné; cépage vigour., très-sujet à la coulure.
T.	C.	1e	98	**Côt à queue verte.** — Diffère du précédent par un bourgt plus clair, par le pédoncule du raisin et le pétiole de la feuille de couleur verdâtre, et aussi par une fertilité plus grande et plus soutenue.
	C.	3e	99	**Courbi blanc** (Pyrénées, Four.). — Bgt roussâtre et duveteux; flle grande, épaisse, boursouflée, glabre supér., garnie infér. d'un duvet aranéeux; sinus profonds, celui du pétiole presque fermé; pétiole long et fort; grap. petite; gr. petits, ronds, un peu serrés; cépage vigoureux et fertile.
			100	**Croc noir.** — F. G.
T.		4e	101	**Crujidero** (Andalousie). — C. O. — Groupe des Olivettes.
T.		3e	102	**Damas blanc** (1). — J. B. de D. — Bgt fortement duveté blanc; flle grande, épaisse, glabre supér., lanug. infér., un peu

(1) Se groupe avec les olivettes.

R. DE T.	R. DE C.	MATUR.	N°

tourmentée ; sinus profonds, celui du pétiole un peu fermé ; pétiole long, assez fort ; denture aiguë ; grap. gros., ailée ; gr. de forme ovalaire, d'un blanc mat, passant au jaune au soleil ; pédoncule long ; pédicelle assez fort.

Damas noir du Puy de Dôme. Voir **Mourvedre.**

C. 3e 103 **Danezy petit, de l'Allier.** — Bgt légèrement duveté blanc ; flle d'un vert foncé, moy. glabre et luisante supér. garnie inf. d'un duvet aranéeux ; sinus supér. assez profonds, les second. un peu marqués ; vrille courte, mince, le plus souvent à trois lacets ; grap. moy. un peu ailée ; gr. ronds, petits ou moy., peu serrés, d'un blanc jaunâtre.

Decandole. Voir **Grec rouge.**

C. 2e 104 **Dégoutant.** — Bgt duveté blanc ; flle moy., presque ronde, aussi large que longue ; sinus supér. bien marqués, les second. presque nuls, celui du pétiole ouvert, glabre supér., garnie inf. d'un duvet aranéeux ; pétiole court, mince ; vrille assez longue, mince, le plus souvent à deux lacets ; grap. un peu allongée, ailée ; gr. moy. ou petits, presque ronds, d'un beau noir ; pédicelle court, assez fort.

T. C. 1e 105 **Delaware** (Amérique du Nord). — H. M. — Bgt d'un vert clair, légèr. duveté ; flle moy., glabre supér., très-légèr. duveteuse infér., denture aiguë ; en mûrissant, les sinus deviennent marbrés, jaunâtres, leur nervure à cette époque est saillante, leur pétiole rosacé ; grap. moy., cylindrique ou légèr. ailée ; gr. peu serrés, à peu près ronds, d'un beau rose, terminés par une légère aspérité aiguë, sensible au toucher, saveur fine et relevée, pédoncule court et presque rose (1).

106 **Didi Andasaouli** (Caucase). — B. de L.

107 **Dzanny** (Caucase). — B. L.

T. 3e 108 **Diamant-Traub.** — Bgt très-duveteux, d'un vert clair ; flle moy., glabre supér., très-duveteuse infér. ; sinus peu profonds, celui du pétiole légèr. ouvert ; pétiole court, assez fort ; grap. moy., légèr. ailée ; gr. gros ou très-gros, olivoïdes, d'un blanc mat, passant au jaune à l'exposition du soleil (2)

109 **Didi Saperari** (Caucase). — B. de L.

110 **Dodrelabi** (Caucase). — B. de L. — Très-beau raisin de table, dit M. le baron de Longueuil.

C. 1e 111 **Dolceto nero** (Italie). — M. I. del. R. — Bgt duveté blanc ; flle d'un vert foncé, glabre et lisse supér., presque glabre infér. ; sinus profonds, celui du pétiole presque fermé ; grap. moy., un peu conique, régulière ; gr. peu serrés, un peu ovalaires.

(1) Description par M. L. Laliman, *Journal de Viticulture pratique*, du 25 octobre 1868.

(2) Le Diamant Traub par tous ses caractères se classe dans le groupe des Olivettes. Le comte Odart se décide avec peine, dit-il, à le ranger dans la tribu des Chasselas. Il n'aurait pas dû hésiter à l'en exclure, attendu que ce cépage n'a aucun caractère qui puisse l'y faire admettre.

R. DE T.	R. DE C.	MATUR.	N°	
	C.	2e	112	**Dolutz noir.** — J. B. de D. — Bgt duveté blanc avec une teinte rougeâtre ; flle moy. ou petite, glabre sur les deux faces, profondément sinuée : pétiole petit ou moy., teinté d'un rouge vineux, ainsi que les nervures ; vrille petite, mince ; grap. moy., un peu ailée, pédoncule long et mince ; gr. moy., ronds, d'un beau noir pruiné.
			113	**Donzenilho di Castillo.** — C. O.
T.		3e	114	**Duc de Magenta.** — F. G. — Bgt duveté jaunâtre avec liseré rose sur le pourtour de la feuille naissante ; flle moy., lisse sur la face supér., lanug. infér. ; sinus larges, bien marqués, celui du pétiole ouvert ou très-ouvert ; grap. longue, conique ; gr. moy., ronds, d'un noir pruiné.
T.		1e	115	**Duc de Malakof.** — F. G. — Bgt d'un vert clair, légèr. duveté ; flle moy., un peu tourmentée, glabre supér., garnie infér. d'un léger duvet poileux, court, principalement sur les nervures ; sinus marqués, celui du pétiole fermé ou presque fermé ; vrille longue, quelquefois à trois lacets ; grap. grosse ; grains gros, ronds, blancs. Issu des Chasselas Vibert.
			116	**Dzolikoori** (Asie Mineure). — B. de L.
			117	**El oued zitoun thaipu blanc** (Algérie). — H. M.
			118	**El oued zitoun noir** (Algérie). — H. M.
			119	**Emilie** (Amérique). — H. M.
		2e	120	**Enfariné** (Jura). — Bgt roussâtre, fortement duveté ; flle moy., glabre et lisse supér., hérissée sur les nervures infér. d'un duvet poileux, court et raide ; sinus supér. profonds, les second. bien marqués, celui du pétiole ouvert ; denture large, inégale, un peu acuminée ; pétiole moy., assez fort ; vrille moy, courte, à deux lacets ; grap. moy., cylindrique, très-souvent accompagnée d'un grapillon supplémentaire tout à fait détaché ; gr. moy., presque ronds, d'un beau noir, fortement pruiné, d'où lui vient le nom d'enfariné.
				Eparse. Voir **Olivette à petit grain.**
	C.	1e	121	**Epinette blanche.** — Variété de Pineau blanc Chardonay, cultivée en Champagne.
T.	C.	3e	122	**Erbalucente bianca.** — M. I. del. R — Bgt jaunâtre duveté ; flle moy., glabre et lisse supér., légèr. lanug. infér. ; sinus profonds, celui du pétiole ordin. fermé ; grap. moy., cylindrique ; gr. petits, ronds, blancs, passant au jaune d'ambre à l'exposition du soleil.
				Ericé noir. Voir **Liverdun.**
T.		3e	123	**Espagnin blanc.** — C. O. — De la tribu ou du groupe des olivettes. Grap. courte fort. ailée.
T.		3e	124	**Espagnin noir.** — C. O. — De la tribu ou du groupe des olivettes. Grap. courte fort. ailée.
				Fendant. Voir **Chasselas Fendant.**
				Feuille ronde. Voir **Mauzac** et **Gamay blanc.**

R. DE T.	R. DE C.	MATUR.	N°	
				Fié. Voir **Sauvignon**.
T.		1e	125	**Fintendo** (Espagne). — F. G. — Bgt d'un vert jaunâtre, flle grande, glabre et lisse supér., lanugineuse infér., sinus profonds ou très-profonds, celui du pétiole ordin. ouvert; grap. ayant quelque analogie avec celle du Frankental.
	C.	3e	126	**Folle blanche**. — Diffère de la Folle verte par une grappe moins tassée, par ses grains conservant moins la teinte verdâtre.
	C.	2e	127	**Folle noire**. — D'après le Cte Odart, la Folle noire serait synonyme du Dégoûtant. Ces deux cépages, que j'ai reçu de sa collection, sont tout à fait différents dans mes cultures. Le Dégoûtant reçu du Cte Odart se rapproche du petit Epicier (1).
		3e	128	**Folle verte**. — Bgt fortement duveté blanc; flle assez grande, glabre et légèr. boursouflée supér., garnie infér. d'un duvet aranéeux; sinus bien marqués, vrille courte, caduque, le plus souvent à deux lacets; grap. un peu au-dessus de la moy., un peu ailée; gr. à peu près ronds, moy. très-serrés, de couleur verdâtre.
				Foirard. Voir **Gueuche**.
			129	**Frédérik Thown**. (*Variété anglaise*.) — F. G.
T.		2e	130	**Frankental**. — Bgt légèr. duveté blanc; flle grande ou très-grande, aussi large que longue, glabre et légèr. boursouflée supér.; nervures infér. garnies d'un léger duvet poileux, court; sinus supér. assez marqués, les second. presque nuls, celui du pétiole ordin. fermé; denture inégale, peu aiguë; grap. grosse ou très-grosse, fortement ailée, peu allongée; gr. gros ou très-gros, légèr. ovalaires, peu serrés d'un beau noir violacé, légèr pruiné; pédicelle mince assez long, un peu teinté de rouge clair, à son point d'attache sur le grain (2).
				Fromenteau ou **Fromentot**. Voir **Pineau gris**.
				Froc Laboulay. Voir **Chasselas Coulard**.
T		2e	131	**Fumat du Tarn**. (D'Imb.) — Bgt glabre d'un vert jaunâtre; flle petite, lisse et glabre sur les deux faces; sinus profonds, celui du pétiole très-ouvert; pétiole moy. mince, vrille longue, mince, caduque, le plus souvent à deux lacets; grap. moy. un peu ailée; gr. moy. de forme ovalaire, d'un rose clair pruiné.

(1) La Folle noire que j'ai reçue de la Dordogne, a, au contraire, tous les caractères de ses homonymes. Elle n'en diffère que par son bois plus foncé et la couleur noire de ses grains.

(2) Le Frankental est un des plus beaux et des meilleurs raisins de table, mûrissant facilement, même en pleine vigne sous notre latitude. C'est à tort que le comte Odart l'a signalé comme un raisin peu méritant; il doit avoir au contraire, une large place dans le jardin fruitier.

R. DE T-	C. R. DE	MATUR.	N°	
	C.	3e	132	**Furmint** (Hongrie). — C. O. — Bgt fortement duveté blanc ; flles moy. d'un vert clair, lisses et glabres supér., lanug. infér. ; sinus presque nuls, celui du pétiole ordin. ouvert ; pétiole rougeâtre de moy. longueur ; vrille courte à deux lacets ; grap. légèr. ailée ; gr. moy. peu serrés, presque toujours *millerandés*, d'un blanc jaunâtre à la maturité ; pédoncule court, assez fort.
	C.	1e	133	**Gamay noir** (gros) type. — C. O. — Le gros Gamay est ainsi caractérisé : Bgt d'un vert jaunâtre, duveté ; flle arrondie ; lobe terminal obtus, glabre supér., légèr. parsemé infér. d'un duvet aranéeux ; sinus supér. marqués, les second. le plus souvent nuls ; grap. à peine moy., un peu ailée ; gr. ronds, petits ou presque moy., serrés, d'un noir violacé. Ces grains, naturellement ronds, lorsqu'ils ne sont pas serrés, deviennent coniques à leur base par l'effet du tassement.
	C.	1e	134	**Gamay blanc, feuille ronde.** — Bgt duveté blanc ; flle grande, aussi large que longue, presque ronde, glabre et lisse supér., parsemée infér. de quelques légers flocons de duvet ; sinus peu ou point marqués, celui du pétiole ouvert ; grap. cylindr. à son sommet, un peu ailée à sa base, pédonc. très-court ; gr. petits, très-serrés, verdâtres.
	C.	1e	135	**Gamay d'Orléans noir.** — Mêmes caractères que le gros Gamay.
	C.	1e	136	— **de Varennes noir.** — Variété du précédent, cultivé dans la Moselle.
	C.	1e	137	**Gamay petit** (Type). — De ce petit Gamay type sont issues les variétés cultivées dans la Bourgogne et le Beaujolais (1).
	C.	1e	138	— **d'Arcenant.**
	C.	1e	139	— **de Bévy.**
	C.	1e	140	— **d'Evelles ou Plant d'Evelles.**
	C.	1e	141	— **de Mâlin.**
				Ces quatres variétés sont cultivées dans la Bourgogne. Elles portent les noms des communes où elles ont été améliorées et propagées.
	C.	1e	142	**G. Plant de Châtillon.** — Les différents plants du Beaujolais ont tous comme le Châtillon la même origine, le même procédé d'amélioration : un choix de sar-

(1) Le petit Gamay type est ainsi caractérisé. Bgt. d'un vert jaunâtre, légèr. duveté ; sarments érigés se soutenant d'eux-mêmes lorsque la vigne atteint un certain âge ; mérithalles moyens, vrilles courtes à deux lacets, feuille moyenne d'un vert tendre, un peu plus longue que large, glabre et lisse supérieurement, à peu près nue inférieurement, lobes ordinairement peu marqués ; grappe moyenne, le plus souvent cylindrique, quelquefois ailée ; grain d'un beau noir, légèrement pruiné, de forme ovalaire (12 millimètres sur 15) ; chair molle, juteuse, sucrée, sans saveur particulière.

R. DE T.	R. DE C.	MATUR.	N°	
				ments fait sur des sujets distingués par leur fertilité ou leur vigueur. Ils portent tous le nom du vigneron qui les a obtenus.
	C.	1e	143	**Gamay de Labronde** (Beaujolais).
	C.	1e	144	— **de la Dôle** (Variété venue de la Suisse).
	C.	1e	145	— **de Liverdun**. — Cultivé dans la Moselle.
	C.	1e	146	— **de Magny** (Beaujolais).
	C.	1e	147	— **de Monternier** (Beaujolais).
	C.	1e	148	— **de Nicolas** (Beaujolais).
	C.	1e	149	— **de Perrache** (Lyonnais). -- Trouvé, dit-on, sur une tête de saule dans la presqu'ile de Perrache.
	C.	1e	150	— **de Picard** (Beaujolais).
	C.	1e	151	— **de St-Galmier** ou **des trois ceps**. — Obtenu de semis dans les environs de St-Galmier (Loire).
	C.	1e	152	— **de St-Romain** (Roannais). — Cultivé dans les environs de Roanne.
	C.	1e	153	— **de Vaux** ou **Plant Geoffray** (Beaujolais).
	C.	1e	154	— **d'Ovola**. — Obtenu de sélection par le vigneron Ovola à Tancon, près Charlieu.
	C.	1e	155	**Gamay Henryet**. — Semis de M. Henryet, directeur du Jardin botanique de Moulins.
		1e	156	— **Teinturier**. — Diffère du petit Gamay type par son bgt grenat; sa feuille se teintant de rouge à la maturité et surtout par son jus coloré rouge clair.
			157	**Général de Lamarmora**. — F. G.
	C.	2e	158	**Gentil blanc**. — Br. Sch.
	C.	2e	159	**Gentil rose**. — Br. Sch. — Bgt ft duveté blanc avec un liseret rose sur le pourtour de la feuille naissante; flle moy., glabre et lisse supér., garnie légèr. infér. d'un duvet blanc; sinus supér. marqués, les second. nuls; sinus pétiolaire fermé; pétiole court et vert; grap. moy., courte, ailée, pyramidale: gr. petits, presque ronds, d'un rose vif (1).
	C.	3e	160	**Gersette noire**. — F. G. — Bgt jaunâtre duveteux: flle moy. ou grande, lisse et glabre supér., lanugin. infér., se teintant de rouge au moment de la maturité du raisin; sinus bien marqués, celui du pétiole ordin. ouvert; grap. grosse un peu ailée: gr. ronds, moy., d'un beau noir pruiné.
	C.	2e	161	**Giboudot** (Côte Châlonaise. Sâone-et-Loire). — Bgt jaunâtre légèr. duveté; flle moy. lisse et glabre supér., non duveteuse

(1) Description par M. Simon de Soulztmatt (Haut-Rhin). Extrait du *Journal de Viticulture*.

R. DE T.	R. DE C.	MATUR.	N°	
				infér. ; sinus supér. un peu marqués, les second. nuls. celui du pétiole le plus souvent ouvert ; vrille assez longue, forte quelquefois à trois lacets ; grap. moy. un peu ailée ; gr. légèr. ovalaires, d'un beau noir ; cépage vigoureux, taille longue. Le Giboudot se range dans le groupe des Gamay.
			162	**Goix blanc** (Aisne).
			163	**Goix noir.** id.
T.		2e	164	**Gradiska.** — J. B. de D. — Bgt grenat clair, presque glabre : flle moy. ou grande, glabre sur les deux faces ; sinus profonds, celui du pétiole presque ouvert ; grap. grosse, ailée, portée par un pédoncule long et fort ; gr. gros, légèr. ovalaires, un peu serrés, d'un beau jaune ambré au soleil.
			165	**Granolata.** — C. O.
	C.	3e	166	**Grand Teoulier.** — C. O. — Bgt d'un vert, jaunâtre légèr. duveté blanc ; flle moy. un peu tourmentée, légèr. boursouflée, glabre supér., très-légèr. lanuginée infér. ; sinus profonds, celui du pétiole un peu ouvert ; grap. longue, régulière, bien garnie de grains très-légers, oblongs, d'un beau noir ; pétiole de la feuille long, assez fort, légèrement lanuginé.
			167	**Grappu de la Dordogne.** — M. d'Imb.
T.		2e	169	**Grec blanc.** — Le Grec blanc diffère du G. rouge par sa forme moins conique, par ses grains blancs, jaunâtres, moins serrés et légèrement ovalaires.
		3e	170	**Grec rouge.** — Bgt d'un vert clair, légèr. duveté ; flle grande, glabre sur les deux faces, denture profonde, un peu aiguë ; sinus très-profonds, celui du pétiole un peu ouvert, pétiole long et fort ; grap. très-grosse, fortement ailée, conique, munie de gros grapillons bien détachés ; gr. gros, ronds, d'un beau rouge (1).
	C.	3e	171	**Grenache blanc.** — Bgt du Gr. noir : grap. plus longue : gr. plus espacés et plus gros ; flle profondément sinuée ; sinus se recouvrant ; denture forte et inégale.
	C.	3e	172	**Grenache noir.** — Bgt glabre, d'un vert clair ; sarments gros, trapus, moyennement érigés, mérithalles courts, nœuds saillants : flle presque sous-moyenne, lisse sur les deux faces, d'un vert jaunâtre, brillante sur la face supérieure, à cinq lobes aigus ; grap. de moyenne grosseur ; grains moyens, légèrement ovoïdes, 12 millimètres sur 11, pruinés, juteux, très-sucrés à leur maturité (2).
				Gris de Salses. Voir **Salses gris.**

(1) Lors du bourgeonnement la Grappe rudimentaire des Grecs dépasse les jeunes feuilles de la moitié de sa longueur. Ce caractère est un des plus distinctifs de ce groupe.

(2) Extrait du *Journal de Viticulture pratique*. Description par M. A. Pellicot.

R. DE T.	R. DE C.	MATUR.	N°	
				Gromier du Cantal. Voir **Grec rouge.**
			172	**Gros bleu.** -- F. G.
			173	**Gros Colman.** — F. G.
			174	**Gros Guillaume.** — F. G.
	C.	2e	175	**Groslot de Valère.** — Schm. — Bgt légèr. duveteux ; flle moy., un peu tourmentée, lisse et glabre supér.. très-légèr. duvetée infér. ; sinus supér. peu marqués, les second. nuls, celui du pétiole très-ouvert ; grap. moy.. un peu ailée ; gr. moy. peu pruinés. assez serrés ; cépage très-fert., peu vigoureux ; taille courte.
	C.	3e	176	**Gros Molar.** — C. O. — Bgt presque glabre, d'un vert jaunâtre ; flle grande, lisse et glabre sur les deux faces ; sinus peu prononcés, celui du pétiole ordinairement fermé ; pétiole long, moy. ; grap. grosse, ailée, pédoncule moy. ; gr. moy.. légèr. ovalaires.
			177	**Gros Pascal.** — F. G.
				Gros Pied rouge Merillé (Lot-et-Garonne). — M. d'Imb. — Variété du Côt à queue rouge, plus précoce et plus fertile.
			178	**Gros Ribier.** — H. M.
	C.	3e	179	**Grosser Herr.** — J. B. de D. — Bgt jaunâtre, duveté, avec un léger liseré rose sur le pourtour de la feuille naissante : flle moy. ou grande, légèr. boursouflée, glabre supér., lanug. infér. ; sinus assez marqués, celui du pétiole presque fermé ; pétiole moy. teinté de rouge, parsemé de poils courts et raides ; grap. grosse, un peu ailée, pédoncule assez long, moy. ; gr. un peu au-dessus de la moy., légèr. ovalaires, d'un beau noir.
	C.	2e	180	**Grün Moskateller** (Hongrie). — J. B. de D. — Bgt d'un vert clair duveté ; flle moy., lisse et glabre supér., lanugin. infér. ; sinus profonds, celui du pétiole ouvert, pétiole long et fort : grap. un peu au-dessous de la moy., peu ailée ; gr. petits, au-dessous de la moy., légèr. ovalaires, blanc verdâtre, se dorant un peu au soleil.
	C.	3e	181	**Gueuche** (Jura). — Bgt duveté, d'un vert clair, tirant sur le jaune ; vrille mince, courte, le plus souvent à 3 lacets ; flle un peu au-dessous de la moy., légèr. boursouflée et glabre supér. ; garnie infér. d'un duvet aranéeux ; sinus pétiolaire très-ouvert ; grap. moy., ailée ; gr. ronds très-serrés, d'un noir violacé ; saveur acidulée.
T.	C.	2e	182	**Guillan musqué.** — M. d'Imb. — Bgt grenat, légèr. duveté : flle épaisse, lisse et glabre supér., lanug. infér. ; sinus peu marqués, celui du pétiole ouvert. denture aiguë ; grap. moy. ; gr. moy., ronds, à saveur fraîche et légèr. musquée.
			182	**Guindolenc gris.**

R. DE T.	R. DE C.	MATUR.	N°	
T.		2e	183	**Hambourg doré.** — F. G. — Caractères du Frankental, dont il diffère par la couleur blanc doré de son grain.
	C.	3e	184	**Hars Levelü** (Hongrie). — J. B. de D. — Bgt d'un vert jaunâtre, duveté; flle grande, lisse et glabre supér., parsemée infér. d'un duvet poileux court; sinus bien marqués, celui du pétiole un peu fermé; lobe terminal et les latéraux aigus; denture assez profonde, un peu acuminée; vrille longue, assez forte, le plus souvent à trois lacets; grap. grande, cylindrique; gr. presque ronds, d'un beau blanc jaunâtre.
			185	**Hatif Vino** (Canada). — H. M.
				Hibou (Savoie). Voir **Aramon.**
T.	C.	2e	186	**Honigler blanc de Bude.** — J. B. de D. — Bgt jaunâtre, duveté, légèr. teinté de rose sur le pourtour de la feuille naissante; flle grande, lisse et glabre supér., lanugin. infér.; sinus profonds, celui du pétiole ouvert; denture profonde, un peu obtuse; grap. grosse, ailée; gr. ronds, moy., blancs, passant au jaune à l'exposition du soleil.
T.		4e	187	**Hycalès** (Andalousie). — C. O. — Bgt duveté blanc; flle grande, épaisse, un peu tourmentée, glabre supér., fortement lanugin. infér.; sinus profonds, celui du pétiole fermé; grap. grande, fortement ailée, conique; gr. gros, presque ronds, d'un blanc mat, passant au jaune d'ambre au soleil.
T.	C.	2e	188	**Isabelle** (Amérique). — Bgt jaunâtre, fortement duveté; flle grande ou très-grande; glabre supér., fortement lanug. infér.; sinus supér. bien marqués, les second. presque nuls, celui du pétiole ouvert; pétiole grand et fort, teinté de rouge; grap. moy., cylindrique; gr. moy. ou gros, presque ronds, d'un beau noir, pruinés, très-serrés, portés par des pédicelles minces, assez longs; saveur de cassis très-prononcée; raisins de grande conserve, cep vigoureux.
				Isaker Daiziko. Voir **Muscat de Syrie.**
T.	C.	O.	189	**Ischia** ou **raisin d'Ischia.** — Mêmes caractères que ceux du Franc-Pineau; maturité de quinze jours plus avancée; cette maturité débute par des plaques violacées sur le pourtour du grain, au lieu de passer par le rose uniforme sur chaque grain comme dans le Pineau.
	C.	2e	190	**Jacquere** (Savoie) (1). — Sarment couleur cannelle clair, entre-nœud long, bourgeon gros et conique, vrille nombreuse, grosse, longue et branchue; flle épaisse, d'un vert foncé, glabre et lisse supér., non duvetée infér., sinus bien marqués, celui du pétiole ouvert; pétiole long, fort d'un rouge vineux; grap. moy., ailée ord., de forme pyramidale, attachée par un pédoncule court; gr. ronds, serrés, blanc verdâtre, passant au jaune doré à la maturité; chair peu sucrée, âpre et astringente.

(1) Description tirée de l'excellent rapport de M. P. Tochon, sur l'Exposition de raisins, à Chambéry, les 19, 20 et 21 septembre 1868.

R. DE T.	R. DE C.	MATUR.	N°	
				Joannenc charnu. Voir **Lignan du Jura.**
				Jubi. Voir **Aujubi blanc.**
	C.	3e	191	**Jurançon** ou **Quillard.** — Bgt duveté blanc ; flle moy. légèrement tourmentée et boursouflée, glabre supér., garnie infér. d'un duvet blanc aranéeux ; sinus profonds, celui du pétiole fermé ; grap. moy., ailée ; gr. à peu près ronds, moy., serrés ; cépage produisant le vin de Jurançon.
	C.	3e	192	**Kadarkas** (Hongrie). — Bgt d'un vert clair duveté ; flle moy. ou grande, épaisse, glabre supér., lanug. infér., lobe aigu assez marqué ; sinus pétiolaire peu ouvert ; denture large et acuminée ; grap. grosse, ailée ; gr. ronds, moy., un peu serrés, d'un beau noir violacé, pruinés.
			193	**Kakour** (Perse). — C. O.
			194	**Kamouri** (Caucase). — B. de L.
			195	**Kaneb-Lekal** (Algérie). — H. M.
T.	C.	3e	196	**Katawba** (Amérique). — H. M. — Bgt duveté, grenat à reflet métallique ; flle glabre supér., fortement lanug. infér. : sinus à peu près nuls, celui du pétiole ouvert ; grap. petite, cylindrique, courte ; gr. moy. ou petits, ronds, d'un beau rose pruiné, à saveur d'ananas.
			197	**Kechmish blanc à grain rond** (Perse). — H. M.
T.		3e	198	**Kechmish-Ali violet** (Perse). — C. O. — Bgt d'un vert clair ; flle moy. ou grande, lisse et brillante, sup., glabre infér. ; sinus profonds, celui du pétiole fermé ; grap. moy. ou grosse, ailée, courte, conique ; gr. presque ronds, gros, d'un beau noir violacé. Par ces caractères, le Kechmish se groupe avec le Frankental.
T.		3e	199	**Kets Kets ets u blanc** ou **Pis de chèvre blanc** (Hongrie). — C. O. — Bgt duveté blanc ; flle moy., épaisse, glabre supér., lanug. infér. ; denture large, peu aiguë ; sinus marqués, celui du pétiole un peu ouvert ; grap. allongée ; gr. olivoïdes, gros, d'un blanc verdâtre, se dorant un peu à l'exposition du soleil (1).
T.		3e	200	**Kets Kets ets u rouge** ou **Pis de chèvre rouge** (Hongrie). — C. O. — Bgt jaunâtre, fortement duveté, teinté de rose sur le pourtour de la feuille naissante ; flle moy. ou grande, un peu tourmentée, glabre et lisse supér., lanug. infér. ; sinus profonds, celui du pétiole ordinairement ouvert ; grap. grande, ailée, longuement pédonculée ; gr. moy., de forme ovoïde, d'un beau rose.
	C.	2e	201	**Kleein Reuschling.** — Bresch. Sch. — Diffère du Reuschling par son grain plus gros et plus serré.

(1) Le Kets kets etsu blanc offre comme signe particulier un grain allongé presque conique, acuminé par la persistance du pistil ; sa grappe se bifurque souvent au nœud pédonculaire pour former deux rafles séparées, presque toujours égales.

R. DE T.	R. DE C.	MATUR.	N°	
				Kientsheim ou **Précoce de Kientsheim**. Voir **Lignan du Jura**.
				Klavner ou **Klævner**. Synonyme de **Plant gentil**
				Kniperlé. Voir **Kleein Reuschling**.
			202	**Koumsa Msouané** (Caucase) — B. de L.
T.		2e	203	**Leany-Szœllo**. — J. B. de D. — Bgt jaunâtre duveteux; flle moy. ou petite, un peu tourmentée, glabre sur la face supér., lanug. infér.; sinus peu marqués, celui du pétiole ouvert; grap. assez longue, cylindrique; gr. assez gros, olivoïdes, d'un beau jaune.
			204	**Le Canut** ou **Œil de Tours** (Lot-et-Garonne). — M. d'Imb.
T.		O.	205	**Lignan** (Jura). — Le Lignan, par son bourgeonnement presque glabre, d'un vert clair, sa feuille profondément découpée, à lobe terminal, très-aigu, à sinus profonds et arrondis à leur base, le pétiolaire ouvert; par ses grappes ailées, grandes, à gros grains, de forme ovalaire, doit être classé dans le groupe des Poulsard. Puisqu'il paraît originaire du Jura, par ses caractères de ressemblance avec le Poulsard, il convient de lui conserver sa dénomination locale plutôt que les synonymes suivants : Joannenc charnu, Précoce de Kientssheim, Madeleine blanche, Lugliengabianca et par erreur Panse précoce. Le Lignan est un cépage vigoureux qui demande la taille longue et même très-longue. C'est à tort que l'on reproche à cette variété de vigne de n'être pas fertile; conduite convenablement elle est d'un rendement très-satisfaisant. C'est le plus beau et l'un des meilleurs raisins précoces.
T.		3e	206	**Lindi Kanat** ou **raisin de Lindi Kanat**. — C. O. — Semis du comte Odart. Même caractère botanique que ceux du grec rouge; grap. moins grosse, grain plus petits.
T.		3e	207	**Listan** (Andalousie). — Bgt précoce, très-duveté blanc: flle moy., lisse et glabre supér., fortement lanug. infér.; sinus profonds, celui du pétiole ord. ouvert; pétiole moy. violacé; denture aiguë et profonde; grap. grande, fortement ailée, lâche; gr. un peu au-dessus de la moy., d'un blanc mat passant au jaune doré.
				Liverdun Voir **Gamay de Liverdun**.
T.	C.	3e	208	**Loubal blanc**. — C. O. — Bgt d'un vert jaunâtre, légèrement duveté; flle moy., glabre supér., duvetée d'un poil court sur les nervures infér.; grap. moy., portée par un pédoncule long et mince, ailée, courte, conique; gr. olivoïdes assez serrés d'un blanc verdâtre.
T.	3e		209	**Lourdaot** (Isère). — Bgt d'un vert jaunâtre; flle grande, d'un vert clair, glabre supér., lanug. infér.; sinus profonds, celui du pétiole fermé; vrille longue, assez forte, quelquefois à trois lacets : grap. grosse, ailée; gr. gros, de forme ovalaire, se dorants à la maturité (1).

(1) Peut-être synonyme du Damas blanc.

R. DE T.	R. DE C.	MATUR.	N°	
				Luglienga bianca. — La Luglienga bianca que j'ai reçu de M. le marquis L. I. del. R. s'est trouvée absolument semblable au Lignand du Jura.
				Lyonnaise. Voir **Petit Gamay.**
			210	**Maccabeo** (Espagne). — C. O.
			211	**Madchanaouri** (Caucase). — B. de L.
				Madeleine blanche. Voir **Lignan.**
T.		O.	212	**Madeleine impériale.** — F. G. — Bgt blanchâtre et duveteux; flle moy. ou grande, tourmentée, un peu boursouflée, glabre sur les deux faces ou très légèrement duvetée infér.; sinus supér. profonds, les second. marqués, celui du pétiole ouvert; pétiole court, de grosseur moy.; grap. moy. ou gros., un peu ailée; gr. à peu près ronds, un peu au-dessus de la moy., d'un beau jaune à la maturité; saveur sucrée, très-légèrement musquée (1).
T.		O.	213	**Madeleine noire.** — De la tribu des Pineaux; cette variété ne se recommande que par sa précocité.
				Madère Vandel. Voir **Muscat rouge de Madère.**
				Malingre. Voir **Blanc préoce de Malingre.**
				Malvoisie à gros grain. Voir **Vermentino.**
				— **blanche de Tarn-et-Garonne.** Voir **Boutignon blanc.**
T.		4e	214	— **de la Chartreuse.** — Bgt duveté blanc avec un liseré rose sur le pourtour de la feuille naissante; flle grande ou très-grande, épaisse, tourmentée, un peu boursouflée, glabre supér., fortement lanug. infér., grap. grande et grosse, ailée; gr. gros ou très-gr., olivoïdes, peu serrés, d'un blanc mat, se dorant un peu au soleil (2).
	C.	4e	215	— **de Lipari.** — C. O. — Bgt grenat, peu ou point duveté, glabre sur les deux faces, nervure inférieure parsemée de poils courts; sinus profonds, celui du pétiole ordinairement ouvert; grap. longue, ailée, lâche; gr. moy., oblongs, roses.
T.		3e	216	— **de Sitjes.** — C. O. — Bgt duveté blanc, légèr. teinté de rose sur le pourtour de la feuille naissante; flle grande ou très-grande, lisse et glabre sur la face supér., lanug. infér.; grap. très-grande, longue, ailée, conique, lâche; gr. gros ou très-gros, presque ronds.

(1) J'ai reçu ce cépage de différentes provenances, sous le nom inexact de Chasselas blanc royal. Il ne peut évidemment appartenir au groupe des Chasselas, dont il s'écarte par beaucoup de caractères.

(2) Ce cépage, classé par le comte Odart dans la tribu des Malvoisies, serait beaucoup mieux à sa place dans le groupe des Olivettes. Ne lui connaissant pas de synonymie, je lui laisse le nom de M. de la Chartreuse.

R. DE T.	R. DE C.	MATUR.	N°	
T.	C.	1e	217	**Malvoisie Rose du Pô.** — C. O. — Bgt rougeâtre et duveteux ; flle grande ou très-grande, lisse et glabre supér.. légèrement parsemée infér. sur les nervures d'un duvet poileux ; sinus très-profonds, celui du pétiole peu ouvert ; pétiole moyen, violacé ; denture large et obtuse ; grap. moy., ailée ; gr. à peu près ronds, petits, assez serrés, d'une belle couleur rose ; saveur fine et relevée.
T.		3e	218	— **Spat** ou **Spat Malvasier.** — C. O. — Ce cépage ressemble tellement au Boutignon blanc ou Malvoisie de Tarn-et-Garonne du comte Odart que j'hésite à en faire deux variétés distinctes.
	C.	2e	219	— **verte** ou **petite Malvoisie verte.** — C. O. — Bgt d'un vert clair duveteux ; flle petite, presque ronde, lisse et glabre sur la face supérieure, lanugineuse infér. ; sinus presque nuls, celui du pétiole ouvert ; grap. petite, courte, un peu ailée ; gr. presque ronds, peu serrés, pineau jaunâtre à la maturité du raisin.
	C.	3e	220	**Mansenc blanc** (Pyrénées). — Fourc. — Bgt légèr. duveté blanc ; flle moy., lisse et glabre supér., parsemée inférieurement d'un duvet floconneux ; sinus bien marqués, celui du pétiole ouvert ; denture aiguë et profonde ; vrille longue, forte, le plus souvent à trois lacets.
	C.	3e	221	**Mansenc gros rouge** (Pyrénées). — Fourc. — Bgt légèr. duveté blanc ; flle moy., lisse et glabre supér., parsemée infér. d'un léger duvet aranéeux ; sinus marqués, celui du pétiole ouvert ; denture obtuse ; vrille moy., mince, le plus souvent à deux lacets ; grap. moy., un peu ailée ; gr. ronds, moy., peu serrés.
	C.	3e	222	**Mansenc petit** (Pyrénées). — Fourc. — Diffère peu du précédent.
	C.	3e	223	**Marraouet** (Pyrénées). — Fourc. — Bgt duveté blanc ; flle moy., lisse et glabre supér., parsemée infér. d'un duvet floconneux ; sinus peu profonds, celui du pétiole un peu ouvert ; denture obtuse ; vrille moy., mince, le plus souvent à deux lacets ; grap. moy., ailée ; gr. moy., légers, ovalaires, serrés, d'un beau noir.
			224	**Marocain.** — C. O.
	C.	3e	225	**Marsanne grosse.** (Ermitage). — Bgt blanchâtre, très-duveteux ; flle grande, tourmentée, boursouflée, glabre supér., très-légèr. parsemée infér. d'un léger duvet floconneux ; sinus supér. profonds, les second. bien marqués, celui du pétiole fermé ; denture large, obtuse, inégale, pétiole long et fort ; grap. moy., ailée ; gr. petits, ronds, peu serrés, d'un blanc verdâtre, passant au jaune à l'exposition du soleil.
	C	3e	226	**Marsanne petite.** — Diffère peu de la précédente.

R. DE T.	R. DE C.	MATUR.	N°	
			227	**Martali-Khabistoni** (Caucase). — B. de L.
				Mataro. Voir **Mourvèdre**.
	C.	3e	228	**Mauzac rose**. — Bgt fortement duveté blanc; flle petite ou moy., d'un vert foncé, presque ronde, tourmentée, boursouflée, glabre supér., garnie infér. d'un duvet aranéeux; sinus supérieurs marqués, les second. à peu près nuls, celui du pétiole fermé; vrille courte, mince, le plus souvent à deux lacets; grap. moy., presque cylindrique, peu ailée; gr. ronds. moy, un peu serrés.
				Mècle. Voir **Poulsard noir**.
			229	**Mélinet**. — J. B de D.
	C.	1e	230	**Melon** (Jura). — Variété de Chardonay ou Pineau blanc cultivée dans le Jura. Elle est connue aussi dans quelques localités de ce département, notamment à Château-Châlon, sous le nom impropre de Gamay blanc.
			231	**Menu noir**. — Variété de Pineau noir, cultivée dans la Moselle.
			232	**Mérille grosse**. — Lauj.
	C.	2e	233	**Merlot** (Gironde). — D'Arm. — Bgt de moy. saison, duveteux et blanchâtre; flle moy., à peu près aussi large que longue, épaisse, boursouflée, rugueuse supér., duvet aranéeux infér.: sinus supér. profonds, les second. moins prononcés, celui du pétiole ordinair. ouvert; grap. moy., ailée; pédoncule assez long; gr. moy., ronds, mesurant ordinair. de 12 à 13 millimètres en tout sens.
	C.	1e	234	**Meslier jaune**. — Le cépage que j'ai reçu sous ce nom, de la Moselle, appartient évidemment au groupe des Pineaux; il me semble même identique avec le Pineau blanc vrai dont il sera question au n° 298. La provenance du Meslier jaune ne m'inspire pas toute confiance; je n'ose pas me prononcer.
				Meunier. Voir **Pineau Meunier**.
T.	C.	2e	235	**Milhaud du Pradel**. — A. L. — Caractères de l'Ulliade noire, mais plus précoce.
			236	**Mill hil Hambourg**. — F. G. — Variété anglaise.
			237	**Minestra**. — A. L.
	C.	3e	238	**Mondeuse** (Savoie). — C. de C. — Sarment couleur cannelle, clair, passant pendant l'hiver au gris tacheté, débourrement tardif; bourgeonnement duveteux, blanchâtre; flle moy., plus longue que large; sinus supérieurs profonds, les second. bien marqués, glabre supér., garnie infér. d'un duvet aranéeux: denture fine et rapprochée: floraison tardive; jeune grap. très-longue et très-claire après la fleur; grap. mûre, toujours ailée, allongée, de forme pyramidale; pédoncule allongé, de grosseur moy.; vrille longue, fine et rameuse; gr. léger. ovalaires, souvent de grosseur irrégulière, attachés par des pédicelles longs, qui font que la grappe n'est jamais

R. DE T.	R. DE C.	MATUR.	N°	
				trop serrée, ces grains sont d'un noir violacé pruiné ; saveur acidulée astringente (1).
				Monmélian. Voir **Corbeau.**
	C.	3e	239	**Morani blanc.** — Bgt légèr. duveté, d'un vert clair ; flle moy., glabre supér., garnie sur les nervures infér. d'un duvet poileux, court et raide ; sinus profonds, celui du pétiole fermé ; pédoncule long et fort ; grap. grande ou très-grande, très-légèrement ailée ; gr. moy., olivoïdes, d'un beau jaune, se dorant au soleil.
	C.	3e	240	**Morastel.** — Bgt duveteux et roussâtre ; flle moy., légèr. boursoufflée, lisse et brillante supér., garnie infér. d'un duvet aranéeux ; sinus profonds, celui du pétiole presque fermé : grap. gr., fort. ailée ; gr. ronds ou à peu près ronds, serrés, d'un beau noir pruiné.
				Morillon blanc. Voir **Epinette.**
				Morillon noir. Voir **Madeleine noire.**
T.	C.	1e	241	**Mornen.** — Variété de Chasselas doré, cultivé dans le Beaujolais, le Mâconnais et les côtes du Rhône.
T.		3e	242	**Moro Bianco.** — M. I. del. R. — Bgt duveté blanc ; flle moy., glabre supér., duveteuse infér. ; sinus profonds, celui du pétiole fermé ; grap. moy., un peu tassée ; gr. moy., légèr. ovalaires, attachés par un pédicelle court ; saveur sucrée, agréable.
				Mortérille noir. Voir **Ulliade noir,** n° 386.
	C.	3e	243	**Mourvedre** (2). Souche vigoureuse ; sarments gros, assez longs, mérithalles moyens ; flle moy., faiblement trilobée, lobes anguleux acuminés, ordinairement fermés ; sinus du pétiole ouvert, d'un vert sombre, légèrement rugueuses en dessus, duveté inférieurement ; bgt fortement duveté blanc ; grap. pyramidale, ailée, attachée très-court ; gr. moy., ronds, mesurant ordinairement 13 millimètres sur 13, d'un beau noir pruiné, serrés, à saveur sucrée ; pédoncule ligneux, court, très-fort.
	C.	3e	244	**Muscadet du Tarn.** — d'Imb. — Bgt duveté blanc ; flle grande, aussi large que longue, glabre supér., très-légèr. parsemée d'un duvet aranéeux infér. ; sinus bien marqués ; grap. moy., ailée, attachée par un fort pédoncule ; gr. petits, assez serrés, d'un beau noir.
T.	C.	2e	245	**Muscat blanc type.** — Les caractères qui distinguent les Muscats sont les suivants : Bgt légèrement duveteux ; jeune pousse teintée de grenat, plus ou moins foncé ; flle moy., lisse et glabre sur les deux faces, brillante, non tourmentée ; denture inégale, profonde, très-aiguë ; vrille longue, assez forte, le plus

(1) Description de M. Tochon. Rapport sur l'Exposition des cépages, à Chambéry, les 19, 20 et 21 septembre 1868.

(2) Description de M. A. Pellicot, de Toulon. *Journal de Viticulture pratique.*

R. DE T.	R. DE C.	MATUR.	N°	
				souvent à trois lacets ; grains ronds, généralement au-dessus de la moyenne ; chair ferme et craquante ; saveur musquée.
T.	C.	3e	246	**Muscat bifer.** — A. L. — Grains gros, peu serrés. Les faux bourgeons qui se développent sur les sarments de cette variété donnent une seconde et même une troisième récolte : les deux premières arrivent seules à maturité.
T.		3e	247	— **Caminada.** — H. M. — Les grappes du Muscat Caminada sont les plus belles parmi celles de cette tribu ; les grains au lieu d'être ronds comme ceux des variétés de ce groupe sont légèrement ovalaires : ils mûrissent mieux que le Muscat d'Alexandrie (1).
			248	— **Canon Hall.** — F. G. — Variété anglaise ayant quelques rapports avec le Muscat Caminada.
T.		4e	249	— **d'Alexandrie.** Voir **Panse musquée.** — C. O.
			250	— **de Berkeem.** — H. M.
			251	— **de Bovood.** — H. M.
T.	C.	3e	252	— **de Frontignan.**
			253	— **d'Imeritie.** — B. de L.
			254	— **doré de Stokwood.** — H. M.
T.	C.	3e	255	— **Fleur d'orange.** — C. O. — Grains gros, un peu serrés ; chair très-ferme ; pellicule épaisse, sujette à crevasser dans les terrains humides ; saveur fine, musquée, très-relevée.
T.		3e	256	— **de Syrie.** — C. O. — Grap. moy. ; gr. peu serrés.
T.		2e	257	— **hâtif du Puy-de-Dôme** ou **Eugénien.** — C. O. — Grap. cylindrique ; gr. moy., peu serrés ; saveur fine et fraiche.
			258	— **Ingram prolific.** — F. G. — Variété anglaise.
T.	C.	2e	259	— **Primavis.** — C. O. — Variété ayant beaucoup d'analogie avec le Muscat fleur d'orange, mais plus précoce.
T.	C.	1e	260	— **noir Caillaba.** — C. O.
T.	C.	1e	261	— **noir d'Eisenstad.** — C. O. — Le Muscat Caillaba et le Muscat d'Eisenstad ont tous deux les gr. légèr. ovalaires. Ils ont entre eux beaucoup de ressemblance, mais le premier me paraît moins fertile et à grappe moins grosse.
T.		O.	262	— **noir de Lierval.** — Cette variété obtenue par l'hor-

(1) J'ai reçu de diverses provenances, sous le nom de Muscat Caminada la Panse, musquée ou Muscat d'Alexandrie. Le Muscat Caminada vrai, est tout à fait différent de ce dernier : ses grains sont plus gros, moins ovalaires et moins serrés.

R. DE T.	R. DE C.	MATUR.	N°	
				ticulteur de ce nom, me paraît issue du Muscat St-Laurent.
T.	C.	2e	263	**Muscat noir du Jura**. — Variété ressemblant au Muscat noir ordinaire; grap. plus grosse et plus précoce.
T.	C.	2e	264	— **noir ordinaire**. — Ressemble au Muscat blanc type dont il diffère par la couleur.
T.		1e	265	— **rouge de Madère**. — C. O. — Grap. au dessus de la moy.; gr. gros; saveur fine et relevée.
T.		1e	266	— **St-Laurent**. — A. L. — Feuille très-profondément découpée, garnie sur les nervures infér. et le pétiole d'un duvet court et raide; grap. petite, cylindrique: gr. ronds, petits, se dorant bien à la maturité.
T.		2e	267	**Muscatelier** ou **Muscatelier noir de Genève**. — C. O. — Bgt d'un vert clair, légèr. duveté; flle moy. ou petite, glabre sur les deux faces; sinus bien marqués, celui du pétiole peu ouvert; grap. moy. ou grosse, ailée; gr. moy., à peu près ronds, d'un rouge foncé; saveur fine et relevée, mais sans goût musqué.
				Naturé Voir **Savagnin**.
	C.	3e	268	**Negret du Tarn**. — D'Imb. — Bgt duveté blanc; flle grande, lisse et glabre supér., fortement garnie infér. d'un duvet aranéeux; sinus supér. bien marqués, les second. presque nuls, celui du pétiole ouvert: pétiole assez long, mince, teinté de rouge; grap. moy., peu ailée; gr. moy., de forme ovalaire d'un beau noir.
	C.	3e	269	**Noir de Lorraine**. — C. O. — Bgt jaunâtre duveté; flle boursouflée, un peu tourmentée, glabre supérieur., garnie infér. d'un duvet aranéeux presque compacte; sinus profonds, celui du pétiole ordin. fermé; vrille mince et longue. légèr. duvetée; grap. grosse, fort. ailée, pédoncule assez long et fort; gr. moy. ou gros, ronds, forts, pédonculés.
				— **de Pressac**. Voir **Côt**.
			270	— **Menu** ou **Menu noir**. — C. O. (Moselle). — Variété de Pineau noir. Flle plus large, bois plus fort, grain un peu plus gros, saveur moins fine.
			271	— **précoce de Hongrie**. — Cette variété ressemble beaucoup à l'Ischia ou raisin d'Ischia par tous ses caractères botaniques; il en diffère par son grain moins dur, moins ferme, plus succulent et d'une saveur plus fine.
				— **printanier**. Voir **Ischia**.
				Nougaret. Voir **Frankental**.
T.		3e	272	**Ochio di pernice** (Œil de perdrix) Italie — M. I. dell. R. — Bgt d'un vert clair, légèr, duveté; flle moy., glabre sur les deux faces, légèr. revolutée en dessous: sinus presque nuls. celui du pétiole très-ouvert.
			273	**Oktaouri** ou **Ochtaouri**. — B. de L. (Perse).

R. DE T.	R. DE C.	MATUR.	N°	
T.		4e	274	**Olivette blanche.** — Mêmes caractères que la suivante, sauf les feuilles plus petites, les grains moins gros et la maturité plus tardive.
T.		3e	275	**Olivette de Cadenet.** — C. O. — Bgt fortement duveté blanc; flle grande, un peu tourmentée, épaisse; sinus supér. profonds, les second. bien marqués, celui du pétiole fermé; grap. grande, ailée; gr. gros, olivoïdes, peu serrés, portés par des pédicelles minces et longs. Ces grains d'un blanc mat, passent au jaune doré à l'exposition du soleil. Denture large, inégale, presque obtuse.
T.		4e	276	**Olivette jaune à petits grains.** — C. O. — Bgt légèr. duveté blanc; flle moy., très-légèr. garnie de poils très-courts et sensibles au toucher sur les nervures supér.; poils plus longs, plus épais sur les nervures infér.; sinus plus profonds, celui du pétiole presque fermé; pétiole moy. parsemé de poils courts; denture profonde, un peu aiguë; grap. très-grande et très-grosse, ailes très-détachées; gr. petits, olivoïdes, écartés, d'un beau jaune d'ambre.
T.		4e	277	**Olivette noire.** — C. O. — Bgt duveté blanc; flle gr., lisse et glabre supér., lanug. infér.; sinus supér. profonds, les second. marqués, celui du pétiole ouvert; grap. ayant les caractères de celle de l'Olivette de Cadenet.
T.		4e	278	**Olivette rose.** — J. B. de D. — Cette variété que j'ai reçue du jardin botanique de Dijon sous le nom de Carinìane rose me semble appartenir au groupe des Olivettes dont elle a tous les caractères, tandis qu'elle n'a aucun de ceux de la Carignane noire. Je propose donc de lui donner le nom d'Olivette rose.
			279	**Orjelechi** (Caucase). — B. de L.
T.	C.	2e	280	**Orleaner** (Vignobles du Rhin). — Bgt duveté blanc: flle moy., glabre et lisse supér., garnie infér. d'un duvet lanugineux: sinus marqués, celui du pétiole un peu ouvert; grap. moy. un peu ailée; gr. de forme ovalaire, un peu serrés, d'un blanc nacré passant au jaune à l'exposition du soleil; saveur légèr. parfumée (1).
				Ortlieber. Klein Voir **Rauschling.**
T.		2e	281	**Oseri du Tarn.** — A. L. — Bgt légèr. duveté blanc; flle glabre et lisse supér., garnie infér. sur les nervures d'un duvet poileux, épais et raide; sinus très-profonds, celui du pétiole presque fermé; grap. moy., un peu ailée; gr. moy., à peu près ronds, d'un beau jaune doré (2).
T.		3e	282	**Panse jaune.** — A. L. — Bgt d'une légère teinte grenat, presque glabre: flle moy., glabre sur les deux faces; sinus supérieurs profonds, les second. bien marqués, celui du

(1) Description par M. Ch. Baltet. (*Journal de Viticulture.*)
(2) Cette variété se rapproche beaucoup de la Barbarossa du Piémont.

R. DE T.	R. DE C.	MATUR.	N°	
				pétiole peu ouvert; grap. grande, claire; gr. gros ou très-gros, de forme ovalaire, d'un beau jaune doré.
T.		3e	283	**Panse musquée.** — C. O. — Bgt grenat, légèr. duveté; fle moy., glabre supér., parsemée infér. d'un léger duvet poileux, court et raide; sinus bien marqués, celui du pétiole un peu ouvert; pétiole long, assez fort, ordin. teinté rouge; grap. moy. ou grosse, ailée, lâche; gr. gros, olivoïdes, saveur musquée.
				Panse précoce. — H. M.
				Parvereau. Voir **Cornet.**
				Passareta bianca. — M. I. dell. R. Voir **Corinthe blanc.**
			284	**Patara Andansaouli** (Caucase). — B. de L.
			285	**Pauline.** — A. L. (Amérique).
			286	**Pedro Ximénès** — C. O. — Bgt. d'un vert clair presque glabre; fle moy., lisse et glabre sur les deux faces; sinus bien marqués, celui du pétiole fermé; grap. moy. ou grande, lâche, un peu ailée; gr. moy., ovalaires; pédoncule de la grappe court et fort.
T.		2e	287	**Pelosina bianca** (Asti). — M. I. dell. R. — Bgt d'un vert clair duveté; fle petite ou moy., glabre supér., fort. duvetée infér.; sinus profonds, celui du pétiole un peu entr'ouvert; pétiole légèr. lanugineux; grap. moy., cylindr., régulière; gr. parf. ronds, d'un blanc mat, passant au jaune clair, doré, saveur sucrée agréable (1).
T.		2e	288	**Perle blanche.** — Bgt d'un vert clair presque glabre, fle moy. ou petite, glabre sur les deux faces; sinus marqués, celui du pétiole ouvert; pétiole mince, moy.; grap. moy., le plus souvent cylindr., légèr. ailée; gr. moy., ronds, un peu serrés, saveur fine et sucrée; pédoncule mince, de moyenne longueur.
	C.	3e	289	**Persagne.** — Bgt roussâtre, légèr. duveté; fle plus longue que large, lisse et glabre supér., parsemée infér. d'un duvet aranéeux; sinus profonds, celui du pétiole ouvert; pétiole long, assez fort; denture obtuse et inégale; grap. grande, conique, ailée; gr. de forme ovalaire un peu au-dessus de la moy., saveur acidulée.
	C	3e	290	**Persan** (Savoie). — C. de C. — Souche forte, sarments de moy. grosseur, à mérithalles rapprochés et inégaux; yeux peu saillants; vrilles assez nombreuses, minces longues, toujours à deux divisions; fle d'un vert foncé en dessus, d'un vert plus tendre infér., moy., presque ronde, lisse et glabre supér., léger duvet aranéeux infér.; sinus peu marqués, celui du pétiole ouvert; pétiole moyen, strié rouge; grap. moy., cylindrique à son sommet, un peu ailée à sa base; gr. olivoïdes,

(1) Descrizione dal vero di 105 varieta di uve, par M. le marquis l'Incisa della Rocchetta.

R. DE T.	R. DE C.	MATUR.	N°	
				juteux, un peu serrés, attachée par des pédicelles courts ; pédoncule gros, raide, court et ligneux, saveur âpre et astringente (1).
				Petit Danezy. Voir **Danezy.**
	C.	2e	291	**Petit épicier** (Vienne). — C. O. — Bgt duveté blanc ; flle grande, un peu boursouflée, glabre supér., parsemée infér. d'un duvet aranéeux ; sinus peu marqués, grap. moy., un peu ailée ; gr. moyens presque ronds, peu serrés, d'un beau noir pruiné.
				Petit Goix (Moselle).
				Petit Mansenc. Voir **Mansenc petit.**
	C.	2e	292	**Petit pied rouge** d'Imb. — Variété de Côt à queue verte, dont il diffère par son grain légèr. ovalaire et sa maturité un peu plus tardive.
	C.	2e	293	**Petit Vérot** (Yonne). — Bgt duveteux teinté de grenat ; flle moy. ou grande, légèr. boursouflée, glabre supér., garnie sur les nervures infér. d'un duvet poileux court ; sinus profonds, celui du pétiole ordin. fermé ; grap. grosse ou moy., un peu ailée, portée par un pédoncule moy., assez fort ; gr. moyens, ronds, peu serrés.
				Pétracine Voir **Petit Riesling.**
	C.	2e	294	**Picardan blanc.** — D'Imb.
	C.	3e	295	**Piccolito bianco** (Italie). — C. O. — Bgt jaunâtre, duveté ; flle moy. d'un vert foncé, glabre supér., lanug. infér., poils courts et raides sur les nervures et sur le pétiole ; sinus assez profonds, celui du pétiole ouvert ; pétiole moy. teinté de rouge ; grap. moy., ailée, portée par un pédoncule long et mince ; gr. petits, légèr. ovalaires, peu serrés, jaune ambré à la maturité.
	C.	3e	296	**Picpoule noir.** — D'Imb. — Bgt duveté blanc ; flle moy., glabre et lisse supér., garnie infér. d'un duvet poileux ; sinus profonds, celui du pétiole ordin. fermé ; pétiole long et mince, légèr. teinté de rose ; grap. grosse, très-ailée ; gr. moyens, de forme ovalaire, peu serrés, d'un beau noir pruiné.
T.	C.	3e	297	**Picpoule rose.** — D'Imb. — Bgt d'un vert clair duveté ; flle moy. ou petite, glabre et lisse supér., lanug. infér. ; sinus très-profonds, celui du pétiole peu ouvert, lobe terminal souvent subdivisé ; grap. moy., légèr. ailée ; gr. un peu ovalaires, serrés, d'un rose grisâtre.
				Pied rouge ou **Pied de Perdrix.** Voir **Côt à queue rouge.**
				Pineau blanc de la Loire. Voir **Chenin blanc.**
				— **blanc Chardonay** Voir **Chardonay.**

(1) Les cépages du département de la Savoie, par M. P. Tochon.

R. DE T.	R. DE C.	MATUR.	N°	
	C.	1e	298	**Pineau blanc vrai.** — Le Pineau blanc vrai est un accident fixé d'un Pineau noir devenu blanc : il n'en diffère que par la couleur blanche du grain (1).
	C.	1e	299	— **cendré** (Alsace). — Variété de Pineau gris, d'un gris rose moins foncé.
	C.	1e	300	— **Crepet.** — Variété du Pineau noir, plus vigoureux, plus fertile. Elle me semble se rapprocher beaucoup du Pineau rougin. Peut-être sont-ils synonymes.
	C.	1e	301	— — **d'Aï.** Se rapproche beaucoup du Pineau noir; grap. moins serrée.
				— — **d'Ischia.** Voir **Ischia.**
	C.	1e	302	— — **de Pernant.** — Variété beaucoup plus fertile que le type, mais donnant un vin moins fin.
	C.	1e	303	— **gris.** — Diffère du Pineau noir par la couleur gris cendré de son grain.
	C.	1e	304	— — **Meunier.** — Le bgt fortement duveté blanc du Meunier, ses feuilles recouvertes sur les deux faces d'un duvet aranéeux suffisent pour le faire reconnaître.
	C.	1e	305	— — **Mouret** ou **Tête de nègre.** — Cette variété se distingue de ses congénères par la couleur bronzée noir de ses grains.
				— — **Morillon blanc.** Voir **Epinette.**
	C.	1e	306	— — **noir de Ribauviller.** — Variété du Pineau noir plus fertile, mais d'un noir moins foncé que le type.
	C.	1e	307	— — **noirien** ou **franc Pineau.** — Le Pineau noirien est le type de la tribu ou du groupe des Pineaux; il se reconnaît aux caractères suivants: Bgt duveté blanc, *lame* ou raisin rudimentaire affleurant le sommet de la jeune pousse lors de son développement; flle moy., le plus souvent tourmentée ou boursouflée, glabre sur la face supérieure, légèrement parsemée d'un duvet aranéeux sur la face inférieure, denture obtuse et inégale; vrilles de moyenne force, s'enroulant facilement sur les points d'appui; grappe petite, cylindrique, quelquefois ailée; grains petits, ronds ou à peu près ronds, juteux, très-sucrés, sans saveur particulière.

(1) Dans certains finages de la Côte-d'Or, à Meursault par exemple, les vignerons trouvent parfois des souches de Pineau noir tournant d'abord au gris, puis au blanc; les sarments porteurs de ces raisins blancs, coupés et plantés reproduisent la couleur blanche, sans retourner au noir.

R. DE T.	R. DE C.	MATUR.	N°	
	C.	O.	308	**Pineau noir précoce de M. Pomier** ou **Pineau Pomier.** — Ce Pineau a été obtenu en 1856 d'un semis d'Ischia, fait par M. Pomier, président de la Société de Viticulture de Villefranche-sur-Saône (Rhône) (1).
	C.	1e	309	— — **rougin.** — Variété fertile; grap. un peu plus grosse que celle du type; saveur sucrée, très-fine.
				Pineau de Bouloir. — J. B. de D. — Paraît être synonyme de Chenin noir.
				— **du Mans.** — J. B. de D. — Voir **Chenin noir**.
				— **Grand Téoulier**. — J. B. de D. — Voir **Grand Téoulier** (2).
				Pis de chèvre blanc. Voir **Kets kets etsu blanc**.
				Pis de chèvre rose. Voir **Kets kets etsu rose.**
	C.	3e	310	**Pizzutello di Roma**. — M. I. dell. R. — Bgt d'un vert clair, léger. duveté; flle moy., glabre sur les deux faces; sinus très-marqués, celui du pétiole ouvert; grap. régulière un peu allongée; grains longs, presque cylindriques, un peu recourbés; saveur douce et agréable.
				Plant d'Altesse. Voir **Vionier**.
				Plant de Béraout. Voir **Gros pied rouge Mérillé**.
				Plant de Bouze. Voir **Gamay teinturier.**
				Plant de Carlerin. — A. L. — Voir **Corbeau.**
				— **de Dame blanc.** Voir **Folle blanche.**
	C.	2e	311	— **de Dame noir** (Lot-et-Garonne). — M. d'Imb. — Variété du Côt à queue verte, dont elle diffère par son grain léger, ovalaire.
				— **de Gibert.** Voir **Grosser Herr**.
	C.	3e	312	— **de la Biaune.** — Variété ayant tous les caractères de la Sérine de Condrieu; elle en diffère par son grain un peu moins gros, d'un rose cendré; ce cépage est cultivé dans la Loire, aux environs de Montbrison.
				— **de la Biaune blanc.** — Variété différant de la précédente par la couleur blanche de son grain. Il existe aussi une variété à raisin noir.
	C.	3e	313	— **de Monmélian.** — C. de C. — Voir **Corbeau.**
				— **de Paris** (Arbois, Jura). Voir **Frankental.**

(1) Voir à la dernière page la description du Pineau noir, M. Pomier.
(2) La dénomination de Pineau Grand Téoulier me paraît inexacte. Le Grand Téoulier n'a aucune espèce d'affinité avec les Pineaux.

R. DE T.	R. DE C.	MATUR.	N°	
	C.	2e	314	**Plant de Quercy** (d'Imb.). —Bgt. ft. duveté blanc ; flle moy., glabre et lisse supér., garnie infér. d'un duvet aranéeux ; sinus bien marqués, celui du pétiole ouvert ; pétiole court et mince ; grap. moy., un peu ailée ; gr. légèr. ovalaires, peu serrés, d'un beau noir.
	C.	2e	315	— **de Roi.** — Variété du Côt à queue verte.
				— **de St-Romain.** — Voir **Gamay-Plant de St-Romain.**
				— **des trois ceps.** — Voir **Gamay-Plant de St-Galmier.**
	C.	3e	316	— **du Rif.** — F. G. — Bgt d'un vert clair, légèr. duveté ; flle moy., glabre sur les deux faces ; sinus profonds, celui du pétiole ouvert ; grap. moy., cylindrique ; gr. moy., ronds, un peu serrés, d'un beau noir.
				— **doré d'Aï.** Voir **Pineau d'Aï.**
				Plants Gentils. Voir **Riessling et Klæwner.**
	C.	2e	317	**Portugieser Leroux.** — J. B. de D. — Bgt presque glabre, teinté de grenat clair ; flle grande, glabre sur les deux faces, poils courts et raides sur les nervures infér. ; sinus peu profonds, celui du pétiole presque fermé, pétiole long et fort ; grap. grosse, un peu ailée ; gr. moy., ronds, peu serrés, d'un beau noir pruiné.
T.	C.	2e	178	**Poulsard blanc.** — Le Poulsard blanc a tous les caractères du Poulsard noir ; il n'en diffère que par la couleur blanche de ses grains. Ne serait-ce pas un accident fixé du type, le Poulsard noir ?
T.	C.	2e	319	— **bronzé ou gris.** — Poulsard gris rose à reflet bronzé.
T.	C.	2e	320	— **musqué.** — Variété du Poulsard noir, légèrement musquée.
T.	C.	2e	321	— **noir** (Type). — Bgt presque glabre, d'un vert clair ; grap. un peu au-dessus de la moy., peu serrée, à ailes détachées et souples ; pédoncule vert ou herbacé, se désarticulant facilement sur le nœud par la pression de l'ongle ; vrilles très-longues, minces à deux lacets, très-rarement à trois ; flle grande, mince, presque plane, d'un beau vert en dessus, un peu plus pâle en dessous ; sinus très profonds, denture grande et aiguë ; le revers inférieur est garni sur les nervures seulement d'une *hirsutie* ou pubescence courte ; sinus pétiolaire ordin. ouvert (1).
T.	C.	2e	322	— **rose.** — Diffère du type le Poulsard noir par la couleur rose de son grain.

(1) Description par M. Ch. Rouget, de Salins (Jura), *Journal de Viticulture pratique.*

R. DE T. | R. DE C. | MATUR. | N°

Précoce de Hongrie. Voir **Noir Précoce de Hongrie.**

— **de Kientsheim.** Voir **Lignan.**

— **de Malingre**. Voir **Blanc Précoce de Malingre.**

— **musqué de Courtiller.** Voir **Blanc Précoce musqué de Courtiller.**

Pressens. Voir **Persan.**

C. 2e 323 **Prescott** (Isère). — Bgt a un vert clair, duveteux; flle petite, lisse et glabre supér., très-légèr. duvetée infér. ; sinus supér. marqués, les second. à peu près nuls, celui du pétiole ouvert; grap. petite, cylindrique ou un peu ailée ; gr. petits, ronds ou légèr. ovalaires, serrés, d'un beau noir ; bois noué, court; variété très-fertile, peu cultivée.

Primavis Muscat. Voir **Muscat Primavis.**

Prince Albert. — Variété du Frankental, différant peu du type.

T. 3e 324 **Prunellas noir** (Lot-et-Garonne). — D'Imb. — Bgt duveté blanc, avec un léger liseré rose sur le pourtour de la feuille naissante ; flle moy., glabre supér., lanugin. en dessous; sinus bien marqués, celui du pétiole presque fermé ; grap. grosse, un peu ailée; gr. ronds, d'un beau noir.

325 **Pugliese rose.** — H. M.

Quercy. Voir **Plant de Quercy.**

Quillard. Voir **Jurançon.**

326 **Raisin de Calabre**. — J. B. de D.

— **de Palestine.** Voir **Olivette à petits grains**.

T. C. 2e 327 **Raisin de Nikita.** — J. B. de D. — Bgt glabre ou presque glabre, luisant, teinté de grenat clair ; flle moy. ou grande, glabre, lisse et luisante supér., sans aucun duvet infér. ; sinus assez profonds, celui du pétiole ouvert, pétiole long et fort, légèr. teinté de rouge ; grap. moy. ou grande ; gr. moyens, ronds, d'un très-beau blanc doré à l'exposition du soleil.

— **des Roses, noir.** — F. G. — Voir **Arrouya.**

— **du Cap.** Voir **Isabelle.**

3e 328 — **du Pauvre.** Voir **Grec rouge.**

Reuschling. — Br. Sch. — Bgt duveteux, d'un vert jaunâtre ; flle grande, d'un vert foncé, lisse et glabre supér., garnie infér. d'un duvet aranéeux ; sinus bien marqués, celui du pétiole ordinaire ouvert; denture aiguë, inégale; pétiole long et fort; grap. petite ou au-dessous de la moyenne, affectant la forme de celle du franc Pineau ; gr. petits, assez serrés, se dorant un peu au soleil.

R. DE T.	R. DE C.	MATUR.	N°	
				Redondal. Voir **Grenache.**
				Revollaire (Haute-Garonne). — Voir **Aramon.**
	C.	3e	329	**Riessling petit** (Rives du Rhin). — Pist. Pail. — Bgt légèr. duveté, teinté de grenat clair; flle grande, boursouflée, tourmentée, glabre supér., parsemée infér. de filaments aranéeux; sinus profonds, arrondis à leur base et fermés par le rapprochement des lobes, celui du pétiole anguleux à sa base et fermé; pétiole moy., teinté de rouge; grap. petite, courte, légèr. ailée; gr. petits, de forme légèr. ovalaire.
				Riessling gros ou **Orléaner.** — Voir **Orléaner.**
				Romain. — Voir **Cézar.**
	C.	2e	330	**Rosalin blanc.** — J. B. de D. — Bgt grenat, duveté, flle moy., d'un beau vert, glabre et lisse supér., lanug. infér.; sinus supér. profonds, les second. presque nuls, celui du pétiole ouvert; grap. grosse, ailée; gr. moyens, de forme ovalaire, se dorant un peu à la maturité.
T.	C.	1e	331	**Roth Silvaner.** — J. B. de D. — Bgt légèr. duveteux, d'un vert clair; flle moy. ou petite, presque ronde, glabre sur les deux faces; sinus supér. marqués, les second. nuls, celui du pétiole ouvert; grap. petite ou moy., presque cylindrique; gr. moy. ou petits, ronds, d'un rouge clair, saveur douce, fraîche et sucrée.
				Rouge de Zante. Voir **Zante rouge.**
	C.	3e	332	**Roussane de l'Ermitage.** — Bgt duveteux et roussâtre; flle grande, aussi large que longue, ordin. tourmentée, boursouflée, glabre supér.,,parsemée infér. d'un duvet aranéeux; sinus bien marqués, celui du pétiole fermé; grap. moy., un peu ailée; gr. moy., à peu près ronds, un peu serrés, d'un blanc doré à l'exposition du soleil; vrilles longues, assez fortes.
	C.	3e	333	**Rousse** ou **Roussette de l'Ain.** — Bgt glabre et roussâtre; flle moy., glabre sur les deux faces, légèr. tourmentée; sinus bien marqués, celui du pétiole ordin. ouvert; grap. moy., ordin. ailée; gr. moy., de forme ovalaire, d'un blanc verdâtre, passant au jaune à l'exposition du soleil.
	C.	2e	334	**Rouvillac blanc.** — J. B. de D. — Bgt presque glabre, d'un vert clair; flle d'un vert foncé, légèr. boursouflée, glabre supér., garnie infér. d'un duvet poileux, court; pétiole moy., fort; grap. moy., un peu ailée; gr. moy., ronds, d'un blanc jaunâtre.
			335	**Ruffiac femelle** (Pyrénées basses). — Fourc.
			336	**Ruffiac mâle.** — —
T.		4e	337	**Sabalkanskoï de Crimée.** — C. O. — Bgt d'un vert clair, peu duveteux; flle grande, glabre et lisse sur les deux faces; sinus marqués; grap. grosse, fortem. ailée, pyramidale; gr.

R. DE T.	R. DE C.	MATUR.	N°	
				très-gros, de forme olivoïde allongée, légèr. recourbés, d'un rouge clair, à l'insertion sur le pédicelle d'un rouge plus foncé à son extrémité supérieure.
			338	**Sageret.** — J. B. de D.
T.		3e	339	**Saint-Antoine** ou **San Antoni.** — C. O. — Bgt roussâtre, duveteux ; flle petite ou moy., glabre sur les deux faces, profondément sinuée ; sinus pétiolaire presque fermé ; denture profonde et très-aiguë ; pétiole moy., violacé ; grap. grosse, courte, conique ; gr. gros ou très-gros, de forme ovalaire, d'un beau noir violacé.
				Sainte-Marie (Savoie). — Voir **Gamay blanc**.
T.		1e	340	**Saint-Jacques.** — C. O. — Bgt duveteux, d'un vert clair ; flle moy., revolutée en dessous, glabre supér., très-lanugin. infér., se teintant de rouge au moment de la maturité ; sinus peu profonds, celui du pétiole fermé ou presque fermé ; grap. petite, courte ; gr. petits, ronds, peu serrés, d'un beau noir pruiné.
T.		2e	341	**Saint-Louis.** — A. L. — Variété de Chasselas : grap. longue, ailée ; gr. moy., ronds, peu serrés.
	C.	2e	342	**Saint-Pierre blanc de l'Allier.** — Bgt roussâtre, légèr. duveté ; flle moy., légèr. sinuée, glabre supér., légèr. parsemée d'un duvet aranéeux infér. ; denture profonde, inégale et très-aiguë ; grap. longue, ailée ; gr. moy., à peu près ronds, d'un blanc verdâtre, se dorant un peu au soleil.
	C.	3e	343	**Saint-Rabier.** — J. B. de D. — Bgt duveteux, teinté de grenat ; flle moy., glabre supér., légèr. lanugin. infér. ; sinus bien marqués, celui du pétiole ordin. fermé ; grap. moy., ailée ; gr. moy., à peu près ronds, d'un beau noir pruiné.
			344	**Sakourdr Chala** (Caucase). — B. de L.
T.		1e	345	**Salicette.** — J. B. de D. — Bgt grenat à la façon de Chasselas ; flle d'un vert clair, profondément sinuée, glabre sur les deux faces ; vrille longue, mince, souvent à trois lacets ; grap. ressemblant beaucoup à celle du Chasselas doré.
	C.	3e	346	**Salses-gris.** — Bgt duveté, blanc ; flle moy., glabre supér., légèr. duveté infér. ; sinus bien marqués, celui du pétiole peu ouvert, pétiole légèr. violacé ; grap. moy., presque cylindrique, peu ailée ; gr. moy., assez serrés, légèr. ovalaires, d'un gris rosé ; saveur sucrée, fine et relevée.
			347	**Saperavi** (Caucase). — B. de L.
	C.	1e	348	**Sar Féjer** (Hongrie). — Variété de Pineau gris ; grap. et gr. plus gros que ceux du type.
	C.	2e	349	**Savagnin jaune** (Jura). — Diffère du suivant seulement par la couleur de son grain.
	C.	2e	350	— **vert** (Jura). — Bgt fortement duveté, blanc ; flle moy. ou petite, un peu boursouflée, d'un vert

R. DE T.	R. DE C.	MATUR.	N°	
				foncé, à peu près glabre supér., sauf quelques légers filaments cotonneux sur les nervures, parsemée infér. d'un duvet aranéeux; sinus supér. peu prononcés, les second. nuls, celui du pétiole un peu entr'ouvert; nervures légèr. roussâtres à proximité du pétiole. Lors de la maturité du fruit, la feuille du Savagnin se teinte de jaune par petites plaques; grap. petite ou moy., un peu ailée; gr. légèr. ovalaires; chair un peu ferme, sans saveur particulière; peau épaisse, résistant bien à la pourriture et conservant sa couleur verte jusqu'à la maturité.
	C.	2e	351	**Savagnin rose.** — Diffère du précédent par la couleur rose de son grain.
	C.	3e	352	**Sauvignon blanc** (Gironde). — D'Arm. — Bgt de moy. saison, duveteux, rougeâtre sur le pourtour de la feuille naissante; flle moy., un peu tourmentée, légèr. boursouflée, glabre supér., fortem. lanug. infér.; sinus profonds, celui du pétiole presque fermé; vrille moy., assez forte, le plus souvent à deux lacets; grap. petite ou moy.; gr. moy., un peu ovalaires; saveur particulière, légèr. parfumée.
T.	C.	2e	353	— **à gros grains.** — C. O. — Bgt légèr. duveteux, rougeâtre; flle grande, glabre supér., très-légèr. lanugineuse infér.; sinus supér. bien marqués, les second. presque nuls; vrille longue, assez forte, le plus souvent à trois lacets; grap. un peu au-dessus de la moy., ailée; gr. moy., ronds, d'un blanc jaunâtre à la maturité.
	C.	3e	354	— **rose** (Gironde). — Diffère du Sauvignon blanc par la couleur rose de son grain.
				Savoyant ou **Savoyard.** — Voir **Mondeuse.**
T.		3e	355	**Schiradzouli** ou **Blanc de Gandja.** — C. O. — Bgt grenat, clair, presque glabre; flle grande, un peu tourmentée, glabre lisse et luisante sur les deux faces; sinus profonds, celui du pétiole presque toujours fermé; pétiole long, fort; grap. grosse, ailée, un peu conique; gr. très-gros, un peu recourbés, mesurant en moy. 43 millimètres sur 20 m. (Groupe des cornichons.)
			356	**Schuykill** (Amérique). — H. M.
			357	**Scupernong** (Amérique). — H. M.
	C.	3e	358	**Sémillon blanc** (Gironde). — Bgt assez précoce, duveteux, rougeâtre sur le pourtour inférieur de la feuille; flle moy., à peu près aussi large que longue, un peu épaisse, recouverte infér. d'un léger duvet aranéeux, glabre, légèr. tourmentée et boursouflée supér.; sinus supér. profonds, les second. bien marqués, celui du pétiole ordin. ouvert; grap. moy. pyrami-

R. DE T.	R. DE C.	MATUR.	N°	
				dale, un peu allongée, souvent ailée ; gr. moy. mesurant ordinairement de 12 à 13 millimètres en tous sens ; saveur fine et parfumée.
T.	C.	3e	359	**Sercial de Madère.** — Bgt d'un vert clair, duveté, légèr. teinté de rose sur le pourtour de la feuille naissante ; flle moy., glabre sur la face supér., garnie infér. d'un duvet lanugineux : sinus profonds, celui du pétiole ouvert ; grap. moy., lâche, un peu ailée ; gr. moyens, olivoïdes.
	C.	3e	360	**Sérine noire.** — Bgt duveté blanc avec un liseré rose sur le pourtour de la feuille naissante ; flle assez grande, lisse et glabre supér., parsemée infér. d'un duvet aranéeux ; sinus profonds, celui du pétiole ouvert ; grap. longue, cylindrique à son sommet, ailée à sa base ; gr. de forme ovalaire ordin. peu serrés, d'un beau noir pruiné, mesurant 14 mill. sur 16.
				Silvaner. Voir **Roth Silvaner.**
				Simoro. Voir **Noir de Lorraine.**
	C.	3e	361	**Sirah grosse.** — Bgt jaunâtre, duveté ; flle grande, plus longue que large à lobes aigus ; sinus profonds, celui du pétiole ouvert ; pétiole long, fort ; vrille longue, forte, presque toujours à trois divisions ; grap. longue, ailée : gr. moy. ou gros, de forme ovalaire, d'un noir violacé.
	C.	3e	362	— **petite.** — Bgt duveté blanc avec un liseré d'un rose vineux sur le pourtour de la feuille naissante ; yeux petits, coniques ; jeune feuille d'un vert jaunâtre, passant au vert foncé à son complet développement, glabre et lisse supér., légèr. garnie infér. d'un duvet aranéeux, apparent surtout sur les nervures, à cinq lobes bien marqués, denture aiguë ; pétiole moyen, d'un vert clair ; grap. moy. ou grande, allongée, ailée, attachée par un pédoncule long, mince ; gr. ovalaires, mesurant 13 mill. sur 17, d'un beau noir pruiné ; saveur délicate très-sucrée (1).
	C.	3e	363	**Spiran noir.** — C. O. — Bgt duveté blanc ; flle moy., glabre supér., légèr. lanug. infér. ; sinus profonds ; grap. moy. ou petite ; grains ovalaires peu serrés, d'un beau noir.
	C.	3e	364	— **blanc.** — H. M. } Diffèrent du Spiran noir seulement
	C.	3e	365	— **gris.** — H. M. } par la couleur de leurs grains.
			366	**Sultanieh.** — C. O.
				Surin. Voir **Sauvignon.**
	C.	1e	367	**Tachat du Jura.** — Variété du Teinturier du Cher ; plus vigoureuse, un peu plus fertile, jus un peu moins coloré.
	C.	3e	368	**Tanat noir femelle.** — Fourc. — Mêmes caractères que le Tanat mâle, plus fertile et moins vigoureux.

(1) Description par M. Bergier, de Tain, extraite du *Journal de Viticulture*.

R. DE T.	R. DE C.	MATUR.	N°	
	C.	3e	369	**Tanat noir mâle**. — Fourc. — Bgt légèr. blanchâtre et duveteux; flle un peu au-dessus de la moy., légèr. revolutée inférieurement, glabre et légèr. boursouflée supér., parsemée infér. d'un duvet aranéeux; sinus un peu marqués, celui du pétiole un peu ouvert; grap. grosse, fortement ailée; gr. ovalaires d'un noir violacé, serrés.
	C.	3e	270	**Tarnay coulant**. — C. O. — Bgt légèr. duveté blanc; flle moy., un peu tourmentée et boursouflée, profondément découpée, glabre supér., parsemée infér. d'un duvet aranéeux: grap. petite; gr. ronds, peu serrés, très-noirs, saveur douce et sucrée.
			371	**Tav Tsitela**. (Tête rouge) Caucase. — B. de L.
			372	**Tchitilouri** Caucase. — B. de L.
	C.	1e	373	**Teinturier mâle** à bois rosé (Groupe des Pineaux). — Bgt fortement rougeâtre, un peu duveteux; flle teintée de rouge dès son premier développement; grap. petite, se teintant de violet au sortir de sa fleur. Ce cépage est de tous les Teinturiers le plus riche en matière colorante : on le nomme en Bourgogne le Dix fois coloré; il est malheureusement peu fertile et très-peu vigoureux. Un caractère qui le fait reconnaître entre tous, c'est la couleur d'un beau rose foncé de son bois coupé transversalement.
	C.	1e	374	— **femelle** (Bourgogne). — Variété se rapprochant beaucoup du Teinturier du Cher.
	C.	1e	375	— **du Cher**. — Bgt rougeâtre, légèr. duveté blanc: flle petite; sinus bien marqués d'un rouge moins foncé que celle du Teinturier mâle. Plus vigoureux que ce dernier, le Teinturier du Cher n'est guère plus fertile et son jus moins coloré.
				Teneron de Vaucluse. Voir **Olivette de Cadenet**.
				Téoulier. Voir **Grand Téoulier**.
	C.	3e	376	**Thall Burger blanc** (Alsace). — Bres. Sch. — Bgt duveté blanc; flle grande, boursouflée, glabre supér., lanug. infér.: pétiole moy., assez gros, teinté de rouge; grap. moy., légèr. ailée; gr. moyens, ronds, un peu serrés.
	C.	3e	377	**Toussan** (Lot-et-Garonne). — D'Imb. — Bgt fortement duveté blanc; flle grande, glabre supér., parsemée infér. d'un duvet aranéeux; sinus supér. et second. bien marqués, celui du pétiole ouvert; pétiole long et fort; grap. grosse, ailée: grains ronds, moyens, un peu serrés, d'un beau noir pruiné.
				Traminer Voir **Gentil rose**.
				Tramontaner. Voir **Chasselas rose**.
				Tredis Pera (Pied de Pigeon) Caucase. — B. de L.

R. DE T.	R. DE C.	MATUR.	N°	
	C.	2e	379	**Tressalier** (Allier). — Bgt légèrement duveté blanc; fle moy., légèr. boursouflée, glabre supér., garnie infér. d'un duvet aranéeux; sinus peu profonds, celui du pétiole très-ouvert; pétiole rougeâtre; vrille courte, assez forte, presque toujours à deux lacets; grap. un peu au-dessous de la moyenne; grains ronds, moyens, peu serrés, blanc jaunâtre à la maturité.
	C.	2e	380	**Tressot**. — C. D. — Bgt teinté de grenat, duveteux; fle grande, épaisse, tourmentée, boursouflée, glabre supér., garnie infér. d'un duvet poileux court et raide; sinus profonds, celui du pétiole un peu ouvert; pétiole long. teinté de rouge; vrille moyenne, presque toujours à deux lacets; grap. fort. ailée; gr. moyens, ronds, d'un vert noir violacé, pruiné (1).
	C.	2e	381	— **panaché**. — H. M. — Diffère du précédent par ses grains noirs panachés de blanc; quelques grains sont parfois entièrement blancs.
				Trézillon de Hongrie (Haut-Rhin). Voir **Meunier**.
T.	C.	3e	382	**Trippa** di **Bo-bianca**. — Bgt jaunâtre, duveteux; fle grande. glabre supér., légèr. duveteuse infér., revolutées en dessous: sinus assez marqués, celui du pétiole ordin. ouvert; grap. gr., composée de plusieurs grapillons portée par un pédoncule long; gr. gros, un peu oblongs, portés par des pédicelles courts.
			383	**Tripier**. — A. L.
	C.	2e	384	**Trousseau** (Jura). — Bgt d'un vert jaunâtre, presque glabre. fle moy., presque ronde; sinus peu profonds, celui du pétiole ouvert, glabre supér., légèr. aranéeuse infér.; denture inégale et obtuse; grap. moy.; gr. ronds, moy., d'un noir violacé pruiné.
T.	C.	2e	385	**Ulliade blanc**. — H. M. — Diffère du suivant par la couleur blanche de ses grains.
T.	C.	3e	386	**Ulliade noir** ou **Mortérille noire**. — Lauj. — Œil moy.. assez renflé à la base, pointu à l'extrémité, lent à débourrer: vrille grêle, longue, ordinairement à deux divisions; fle assez grande, à cinq lobes bien découpés, laissant entre eux des vides ovales, inégalement dentée. glabre supér., légèr. duvetée infér.; pétiole long, d'un vert clair ou blanc violacé; grap. grosse ou très-grosse, ailée, pyramidale; pédoncule long, mince; gr. très-gros, d'un noir mat, ovalaires, assez allongés. peu serrés, suspendus par de longs pédicelles; peau ferme. un peu épaisse: chair craquante, sucrée, parfumée (2).

(1) C'est par erreur que le comte Odart donne comme synonyme au Tressot, le nom de Plant de Thoissey. Le Tressot et son prétendu synonyme sont inconnus à Thoissey et dans les environs.

(2) Description par M. Lanjoulet. professeur d'arboriculture à Toulouse. extraite du *Journal de Viticulture pratique*.

R. DE T.	R. DE C.	MATUR.	N°	
				Varennes noir. Voir **Gros Gamais** (plant de Varennes noir).
	C.	2e	387	**Verdelho de Madère.** — Bgt légèr. duveté blanc; flle moy., d'un vert foncé, glabre sur les deux faces; sinus peu profonds, grap. moy., un peu ailée; gr. moy., olivoïdes, d'un blanc verdâtre, se dorant au soleil.
			388	**Verdese bianca** (vignobles d'Asti et de Montferrat). — M. I. del. R.
			389	**Verdet Chalosse blanc** (Lot et Garonne). — d'Imb.
T.		4e	390	**Vermentino.** — C. O. — Bgt fortement duveté blanc; flle gr., un peu tourmentée, glabre et lisse supér., très-lanug. infér.: sinus profonds, arrondis à leur base, celui du pétiole presque fermé; pétiole long, assez fort: grap. grosse ou très-grosse, ailée, portée par un pédoncule long et fort; gr. gros, légèr. ovalaires ou presque ronds, peu serrés, d'un blanc mat, passant au jaune à l'exposition du soleil; chair craquante, sucrée.
				Verot gros. Voir **Tressot.**
	C.	2e	391	**Verot petit.** — Variété moins fertile et à grains plus petit que ceux du gros Verot ou Tressot.
		1e	392	**Vert précoce de Madère.** — Bgt légèr. duveté blanc; flle un peu au dessus de la moy., d'un vert foncé, glabre supér., parsemée infér. d'un léger duvet floconneux; sinus profonds, celui du pétiole ouvert; pétiole long, assez fort; denture large, obtuse ou arrondie; grap. moy., conique; gr. moyens, peu serrés, à peu près ronds, saveur fine et sucrée.
			393	**Vigne du Canada blanche.** — H. M.
T.		4e	394	**Vigne de Karabournou** ou **Raisin de Karabournou.** — Bgt d'un vert clair, légèr. nuancé de jaune, presque glabre; flle grande, lisse et glabre sur les deux faces, poils courts et raides sur les nervures infér.; sinus peu profonds, celui du pétiole ordinairement ouvert; denture profonde, aiguë: grap. moy. ou grosse, portée par un pédoncule long et mince; gr. très-gros, en forme d'olive allongée, quelquefois légèrement recourbés, d'un beau jaune à la maturité, sujets à la coulure. Le raisin de Karabournou se groupe avec les Cornichons. D'après le comte Odart, ce cépage doit avoir le grain rond ou légèrement ovalaire. Celui que j'ai reçu de sa belle collection a au contraire le grain très-allongé; ne serait-ce pas le Rosaki Aspro, son compatriote dans les grains d'après le célèbre ampélographe, sont gros, oblongs, de couleur dorée.
			395	**Vigne de la Chine.** — H. M.
T.	C.	2e	396	**Vionnier** ou **Viognier** (Côte-Rôtie et Condrieu). — Bgt duveteux, blanchâtre; flle moy., peu épaisse, à peu près aussi longue que large, passant au jaune paille au moment de tomber; lobe terminal un peu acuminé; sinus supér. profonds, les second. moins prononcés, celui du pétiole très-ouvert, face supér. glabre et lisse, l'infér. légèr. duvetée, surtout sur les

R. DE T.	R. DE C.	MATUR.	N°	
				nervures; pétiole court et mince, denture aiguë, inégale; grap. moy., assez longue, ailée, cylindrique dans la partie supérieure; pédoncule long et mince, quelquefois accompagné d'une petite vrille qui se développe sur le nœud pédonculaire: gr. assez serrés, à peu près ronds, mesurant ordinairement treize millimètres sur treize, saveur sucrée, fine et relevée; chair molle, juteuse; pédicelles courts et minces (1).
				Vitraille. Voir **Merlot.**
T.		1e	397	**Von der Lanh Traub.** — C. O. — Bgt blanchâtre, duveteux; flle grande, glabre supér., lanug. infér.; sinus marqués, celui du pétiole peu ouvert, denture profonde, un peu aiguë; pétiole long, assez fort; grap. grande, conique, fortement ailée, portée par un pédoncule long, de grosseur moy.; gr. gros, presque ronds, d'un beau jaune à la maturité.
	C.	1e	398	**Vorlington** (Amérique). — C. O. — Bgt fortement duveté blanc; flle moy. ou petite, d'un vert foncé, glabre supér., garnie infér. d'un duvet floconneux, épais, presque ronde; sinus nuls ou à peu près nuls, celui du pétiole ouvert; grap. petite, cylindrique; grains moyens ou petits, d'un beau noir bronzé; pinceau teinté de rouge; saveur de l'Isabelle, mais plus fine et moins prononcée.
	C.	2e	399	**Weiss des Allemands.** — J. B. de D. — Bgt duveté blanc: flle moy. ou petite, glabre sur la face supér. parsemée infér. d'un duvet aranéeux; sinus peu marqués, celui du pétiole presque fermé; grap. grande; gr. à peu près ronds, d'un blanc mat, passant au jaune à la maturité.
	C.	2e	400	**Weiss-Logler.** — J. B. de D. — Bgt jaunâtre, duveteux; flle moy., épaisse, glabre supér., fortement garnie d'un duvet aranéeux; sinus peu marqués, celui du pétiole ordinairement fermé; pétiole court, rougeâtre, quelquefois légèr. duveté; denture aiguë, un peu acuminée; grap. moy.; gr. ronds, d'un blanc jaunâtre à la maturité.
	C.	2e	401	**Weiss-Tokaïer** (Autriche). — J. B. de D. — Bgt blanchâtre et duveteux; flle moy., glabre supér., lanug infér.; sinus peu marqués, celui du pétiole ordinairement ouvert; grap. petite ou moy.; gr. à peu près ronds, d'un beau blanc.
T.	C.	3e	402	**Ximenès Zubon.** C. O. — Bgt d'un vert jaunâtre, luisant, presque glabre; flle grande, lisse et glabre sur les deux faces; sinus profonds, celui du pétiole presque fermé, pétiole long et fort; grap. grosse, ailée, conique, portée par un pédoncule assez long, fort; gr. gros, peu serrés, légèr. ovalaires, d'un blanc verdâtre, passant au jaune doré à l'exposition du soleil.
T.		3e	403	**Yorks Clara** (Amérique). — H. M. — Bgt d'un vert jaunâtre, duveteux, avec un liseret rose sur le pourtour de la feuille naissante; flle grande ou très-grande, glabre supér., fortem.

(1) Description extraite du *Journal de Viticulture* du 25 juin 1868.

R. DE T.	R. DE C.	MATUR.	N°	
				garnie infér. d'un duvet lanugineux, compact ; sinus peu prononcés, celui du pétiole ouvert ; pétiole long et fort ; grap. moy., légèr. ailée ; pédoncule long et mince ; gr. moyens, ronds, d'un beau rose foncé pruiné (1).
	C.	3e	404	**Zante noir.** — C. O. — Bgt duveteux, d'un vert clair ; flle grande, glabre supér., lanugin. infér. ; sinus bien marqués, celui du pétiole ouvert, teinté de rouge au moment de la maturité ; grap. moy., un peu conique ; gr. moy., légèr. ovalaires, un peu serrés, d'un beau noir.
	C.	3e	405	**Zante rouge.** — C. O. — Bgt duveteux, d'un vert jaunâtre ; flle moy., glabre supér., fortem. garnie infér. d'un duvet lanugin., revolutée en dessous et se colorant de rouge sur son pourtour à l'époque de la maturité ; pétiole assez long, garni de petits poils courts et raides ; grap. grosse, conique ; pédoncule long et fort ; gr. gros, ronds, d'un rouge clair.
			406	**Zekroula-Khabistoni** (Caucase). — B. de L.
				Zitzentzen. Voir **Kets Kets etsu rouge** ou **Pis de Chèvre rouge.**

(1) Les raisins d'Amérique exhalent presque tous, lorsqu'ils sont parfaitement mûrs, un goût de cassis plus ou moins prononcé ; ce goût se retrouve davantage encore lorsqu'on les mange. Leur pellicule épaisse les préserve de la pourriture ; ils sont par excellence des raisins de conserve.

LE COMTE ODART (semis).

En 1861, je recevais d'un de mes correspondants des graines de raisins récoltées dans les environs de Smyrne. Le nom et les qualités du fruit d'où elles provenaient ne me furent pas indiqués. Ces graines, semées avec soin, levèrent au printemps 1862. Trois ans après, je remarquais parmi mes jeunes vignes deux sujets qui, par leur vigueur, leur beau bois et leur bonne tenue, contrastaient avantageusement avec les ceps voisins. Je choisis sur chacun d'eux le plus beau sarment et le provignais. En 1866 et 1867, je provignais de nouveau, dans l'espoir d'obtenir à l'extrémité de mes sarments une fructification, que je ne comptais pas obtenir sur les yeux inférieurs. En 1868, mes *pointes* de provins sont à cinq ou six mètres de la souche-mère, et l'un d'eux m'a donné trois beaux raisins qui ont été dégustés par des viticulteurs compétents ; cette nouvelle variété de vigne leur a paru digne de la multiplication.

La vigne *Comte Odart* se distingue par les caractères suivants : Bourgeonnement duveté, d'un vert clair, avec un liseré rose sur le pourtour de la feuille naissante ; feuille petite, glabre sur les deux faces, profondément sinuée ; sinus pétiolaire, ouvert ; pétiole mince, rougeâtre, long (proportionnellement à la feuille) ; denture inégale, un peu aiguë ; taches d'un rouge vineux sur la feuille au moment de la maturité ; vrilles fortes, longues, à deux ou trois divisions ; grappe au-dessus de la moyenne, longue, cylindrique à son sommet, un peu ailée à sa base ; pédoncule long ou très-long, assez fort, ligneux, de la couleur du sarment, depuis l'empâtement jusqu'au nœud pédonculaire ; grains plus que moyens, ronds, mesurant ordinairement 14 où 15 millimètres en tout sens, un peu serrés, d'un beau noir, légèrement pruiné ; pédicelles courts et forts. Par la forme de sa grappe, le raisin Comte Odart se rapproche de la Sérine et de la Sirah de l'Ermitage. Sa maturité concorde avec celle de ces deux cépages. Lorsqu'il est bien mûr, sa saveur, sans aucun parfum particulier, rappelle aussi celle des deux variétés que nous venons de citer. Par ses autres caractères, il en diffère complétement.

Au lieu de dédier cette nouveauté à une illustration militaire, suivant quelques errements de nos producteurs horticoles, j'ai préféré lui donner le nom d'un homme des champs, d'un homme qui a vécu au milieu des vignerons, consacrant son temps, sa fortune et ses talents à l'étude de la vigne. Puisse-t-elle contribuer un peu à perpétuer dans notre France viticole la mémoire du citoyen utile qui a jeté les premières bases de l'Ampélographie française et universelle.

PINEAU POMIER (semis).

M. Pomier, président de la section de viticulture de la Société d'agriculture de Villefranche-sur-Saône, avait, en 1856, fécondé artificiellement un pied d'Ischia par le blanc précoce de Malingre et le petit Gamay beaujolais. Il recueillit les grappes fécondées et sema les pépins dès l'automne. Ce semis produisit un certain nombre de vignes qui furent transplantées trois ans plus tard. Après avoir éliminé les sujets qui ne paraissaient pas méritants, M. Pomier cultiva seulement cinq ou six pieds, dont les belles apparences faisaient bien augurer de leur avenir. En 1861, celui qui fait le sujet de cette description donna sa première récolte. L'année suivante, M. Pomier, bien fixé sur les qualités qui distinguent ce semis, commença à le multiplier. En 1868, il a récolté assez de grappes pour produire un hectolitre de vin. Le raisin vendangé le 23 août, donnait au gleucomètre Chevalier 14 degrés de sucre.

Le Pineau Pomier, par son port et son *facies*, rappelle l'Ischia d'où il provient; sa feuille est un peu plus ample, plus épaisse, son bois plus gros, à mérithalles moins distants; sa grappe est aussi plus forte et plus ailée; beaucoup plus fertile que le franc Pineau et l'Ischia, il égalerait à peu près le produit du Pineau de Pernant. Sa maturité est de 14 à 15 jours plus précoce.

Ce raisin sera dessiné et plus amplement décrit au *Journal de viticulture* en novembre 1869. Chargé par M. Pomier de multiplier, de décrire et de *baptiser* ce cépage, je lui fais porter le nom de son obtenteur, afin de le signaler à la reconnaissance des viticulteurs. Le Pineau Pomier prendra place parmi les meilleurs raisins de bouche et parmi les raisins de cuve les plus méritants.

Lyon. — Imprimerie du *Salut Public*. — Bellon, rue Impériale, 33.

www.ingramcontent.com/pod-product-compliance
Lightning Source LLC
LaVergne TN
LVHW050436160826
845677LV00002BA/726

* 9 7 8 2 3 2 9 6 7 2 1 1 3 *